长江中游四大家鱼
产卵场特征研究

段辛斌　俞立雄　王　珂◎著

U0294120

中国农业出版社
北　京

图书在版编目（CIP）数据

长江中游四大家鱼产卵场特征研究 / 段辛斌，俞立雄，王珂著 . —北京：中国农业出版社，2023.2
ISBN 978 - 7 - 109 - 30423 - 9

Ⅰ.①长… Ⅱ.①段… ②俞… ③王… Ⅲ.①长江中下游－家鱼－产卵场－研究 Ⅳ.①S961.1

中国国家版本馆 CIP 数据核字（2023）第 029088 号

中国农业出版社出版

地址：北京市朝阳区麦子店街 18 号楼
邮编：100125
责任编辑：张丽四　　文字编辑：耿增强
版式设计：杜　然　　责任校对：吴丽婷
印刷：北京缤索印刷有限公司
版次：2023 年 2 月第 1 版
印次：2023 年 2 月北京第 1 次印刷
发行：新华书店北京发行所
开本：787mm×1092mm　1/16
印张：6.75
字数：160 千字
定价：60.00 元

长江是中华民族的母亲河，流域总面积 180 万 km^2，拥有约占全国 20％的湿地面积、35％的水资源总量，是我国重要的生态安全屏障。长江不仅滋养了广袤的土地，更孕育了悠久璀璨的华夏文明，是中华民族发展的重要支撑。长江被誉为我国淡水渔业的摇篮、鱼类基因的宝库，长江渔业在我国淡水渔业中具有举足轻重的地位，在苗种资源、名特优鱼类资源、种质资源及水生野生动植物资源方面都具有明显优势。以四大家鱼为代表的长江伞护种是我国淡水渔业的主要捕捞对象和养殖基石，历史上四大家鱼天然苗产量约占全国总产量的 70％，长江四大家鱼自然资源的丰歉直接关系到我国淡水渔业能否健康发展。

随着水利水电工程开发，阻断了长江原有的物质、能量、信息交流通道，破坏了河流的纵向连通性，导致四大家鱼栖息地破碎化，影响其洄游和基因交流。三峡水库调蓄作用改变了长江原有的水文节律，径流过程坦化、洪水脉冲消失等导致四大家鱼繁殖所需流水刺激条件减弱，清水下泄使长江中游宜昌至城陵矶江段四大家鱼产卵场受到冲刷，产卵场的水力学条件发生了改变，部分产卵场范围缩小或迁移。20 世纪 80 年代以来四大家鱼卵苗发生量下降 90％，种质资源安全面临严重威胁。目前，四大家鱼自然繁殖的生态水力学机理仍处于探索阶段，难以开展四大家鱼产卵场受损程度的量化评估及针对性的生态修复。针对这一客观需求，中国水产科学研究院长江水产研究所段辛斌研究员及其团队通过应用超声波遥测、三维水动力模型等先进手段开展产卵场定位及特征研究，揭示长江四大家鱼自然繁殖的生态水力学机理。本书的出版将有助于推广本研究创新的研究方法，进一步解析不同流域四大家鱼产卵所需关键因子的共性与差异，从更大空间尺度研究四大家鱼产卵场特征，为我国四大家鱼产卵场修复与资源恢复提供支撑。

全书共 7 章，第一章"绪论"，主要介绍本书的研究背景和意义。第二章"长江四大家鱼产卵场演变"，收集了 20 世纪 60 年代、80 年代和 21 世纪初四大家鱼产卵场的相关调查资料，汇总了近年来长江中上游四大家鱼产卵场现状监测数据，梳理了长江四大家鱼产卵场演变过程。第三章"长江四大家鱼产卵场定位",介绍了超声波遥测技术及其应用方法,解析了四大家鱼亲本繁殖期时空分布格局,与第二章内容相互验证,同时为产卵场地形及水动力特征分析提供了重要工作基础。第四章"四大家鱼产卵场地形特征",介绍了产卵场地形测量及地形指标分析方法,建立了产卵场地形指标体系,通过系统对比三峡大坝运行前后宜都产卵场地形指标差异,揭示四大家鱼产卵场关键地形特性。第五章"四大家鱼产卵场水动力特征",介绍产卵场三维水动力模型及其构建方法,分析了不同流量条件下四大家鱼产卵场流速、水深、傅汝德数等水动力指标特征,提出了四大家鱼产卵的生态水力需求。第六章"四大家鱼产卵场适宜性评价",介绍了产卵场栖息地适宜性评价模型及其构建方法,揭示了产卵场生态流量、产卵量及适宜性面积之间的响应关系,提出了繁殖期四大家鱼产卵场所需的生态流量范围。第七章"结论与展望",介绍了本书的主要研究结论,提出了今后的研究方向。

历史上国内一些学者对四大家鱼资源及产卵场开展了数次系统的调查工作,为我们的研究提供了非常宝贵的基础资料。中国水利水电科学研究院彭期冬正高级工程师、林俊强正高级工程师在本书的产卵场水动力模型构建及水文数据分析方面给我们提供了诸多指导和帮助,在此表示衷心的感谢。感谢湖南省水产科学研究所李鸿研究员等为本书提供四大家鱼手绘图。

本书得到了国家重点研发计划"我国重要渔业水域食物网结构特征与生物资源补充机制"重点专项课题"重要渔业种群资源补充过程及驱动因子"(2018YFD0900903)、国家自然科学基金(U2240214、51579247、32202942)的资助。限于作者的学识水平,书中不妥之处在所难免,敬请广大读者批评指正,不胜感谢。

著 者

2022 年 10 月

目 录

1.1 背景和意义

生物与栖息地的关系一直是生态学研究的热点，对于鱼类而言，栖息地包括产卵场、索饵场、越冬场及洄游通道等，其中产卵场是鱼类栖息地中重要且敏感的场所。自然产卵场作为鱼类繁殖发生的承载体，与鱼类的早期胚胎发育直接关联，是鱼类物种延续的关键栖息地。对于具有生殖洄游特性的鱼类，产卵场所特有的产卵条件是其他地方无法取代的，因此定位鱼类自然产卵场，研究产卵场特性，量化产卵场关键指标，对于栖息地生态修复和鱼类资源养护具有重要意义。

青鱼（*Mylopharyngodon piceus*）、草鱼（*Ctenopharyngodon idellus*）、鲢（*Hypophthalmichthys molitrix*）、鳙（*Aristichthys nobilis*）俗称四大家鱼，是我国特有的经济鱼类。长江是四大家鱼主要繁殖栖息地，该水系野生四大家鱼种质性状明显优于其他水系，是宝贵的天然种质资源库。20世纪80年代以来，由于长江航道整治、水体污染、过度捕捞等人为原因，特别是葛洲坝和三峡等大型水利工程的建造，改变了长江的水流、地形特性与生态系统格局，导致长江渔业资源持续衰退。2003年三峡水库蓄水以来，长江四大家鱼资源量加速下降，2009年监利卵苗发生量不足1亿尾，相比20世纪60年代产卵量的403亿尾（长江1150亿尾），产卵规模急剧萎缩，我国四大家鱼种质安全面临严重威胁。

产卵是家鱼生命史中最为关键的环节，且只能在特定条件、特定区域完成。影响家鱼产卵的因素有亲鱼数量、合适的水温、涨水条件以及产卵场等。为有效缓解四大家鱼资源衰退趋势，自2010年起，农业农村部在长江中游持续开展了家鱼亲本原种放流活动，2011年以来三峡集团公司还开展了促进家鱼繁殖的生态调度工作，初步解决了繁殖亲鱼数量减少和家鱼自然繁殖中涨水过程减弱的问题。但对于家鱼产卵的另外一个重要的外部条件——产卵场的相关研究工作（如产卵场的准确定位、产卵场的地形特征、水动力特征等）尚未得到深入开展，目前多停留在定性描述方面。

近年来，随着我国生态文明建设不断深化，一些珍稀、特有鱼类的物种延续和产卵场等关键栖息地的保护越来越受到人们的关注。目前，得益于中华鲟产卵场的准确定位和细尺度的观测，其产卵场的地形和水动力特征等方面的研究较为深入。然而，历史上家鱼产卵场的定位范围较广（常绵延几十千米江段），存在较大误差，现有产卵场特征研究多是基于历史资料，研究结果难以真实反映家鱼产卵所需的条件。另一方面，现有的研究成果表明，持续涨水这一宏观层面上的水文过程可以刺激家鱼产卵，但在同一水文过程下并非所有江段都是产卵场，产卵场在地形上必然存在特殊性。与此同时，特殊的地形伴随家鱼产卵季节的持续涨水过程，将形成产卵场特殊的局部水动力条件，刺激家鱼产卵繁殖。因此，家鱼产卵场的准确定位是研究其产卵场地形和水动力特征的基础，产卵场地形特征研究是水动力特征研究的前提和重要边界，而产卵场水动力特征研究则是探索家鱼产卵水流触发机理的有效途径。这三方面研究环环相扣、循序渐进（图 1-1）。

图 1-1 四大家鱼产卵场定位及特征研究关系图

本书结合多年的工作经验，介绍了超声波遥测技术、三维水动力模型等先进手段在四大家鱼产卵场定位、特征等研究方面的应用，通过实践案例演绎揭示家鱼产卵场的关键地形和水动力特征，以期为家鱼产卵的水流触发机理研究、家鱼产卵场评价及修复和鱼类资源保护等工作提供理论参考和技术借鉴。

1.2 鱼类产卵场特征研究现状及发展动态

1.2.1 鱼类产卵场的定位

采集早期发育的鱼卵，是寻找鱼类产卵场并确定其规模大小的传统方法。对于江底产卵的鱼类，如中华鲟，可通过江底直接捞卵的方式，较为准确、直观地确定中华鲟产卵场的位置，据报道其产卵场范围在约 7 km 的江段内，定位精度达千米（km）级。对于挖坑产卵的鱼类，如鲑、鳟等，可通过江底鱼卵采集或观测产卵坑等方法定位产卵场，这种鱼类产卵位置的定位甚至可达米（m）级（精确到某一产卵坑）。对于产漂流性卵的鱼类，如四大家鱼，其产卵场的定位是通过采集鱼卵，观察其发育期，并参照同期水温数值，计算鱼卵距受精所经历的时间，再依据江水平均流速，推算受精卵漂流历程，由此从鱼卵采集点反推产卵场位置。如果采集点距产卵场较近，这种误差相对较小，如果距离较远，估算出来的产卵场范围往往在20～40 km，有些甚至达70 km，定位精度为20千米级，大大限制了四大家鱼产卵场特征与产卵水流触发机理等方面的研究。家鱼产卵触发条件及产卵场特征等研究迫切需要更细尺度的产卵场定位，因此要进一步提高产卵场定位精度，还有赖于在传统方法上有所突破。

近年来随着数值模拟与超声波遥测技术在水生态领域的快速发展和推广应用，出现了一些新的鱼类产卵场定位方法。李翀等应用一维河网水动力模型，基于三峡库区622个河道断面，模拟了2002—2003年三峡库区水动力变化，并根据四大家鱼采集卵苗的发育时间，推求了长江上游重庆至云阳4个产卵场的位置。王悦等采用三维水动力模型及Largrange粒子追踪技术，模拟中华鲟卵苗漂流路径和运动过程，推求了中华鲟产卵场的可能位置。超声波遥测技术诞生于20世纪50年代中期，早期主要用于海洋水生动物的行为学研究。1993年，我国首次将该技术应用于葛洲坝下中华鲟产卵场的定位。该方法通过超声波遥测技术跟踪中华鲟，同时结合受精卵的采集确定产卵日，准确定位了中华鲟的产卵点位和范围，定位精度可达米（m）级。

1.2.2　四大家鱼产卵场的地形特性研究

关于四大家鱼产卵场地形特性的研究，目前大多停留在感性认识上。据调查，四大家鱼产卵场所在河段地形可分为顺直型、弯曲型、分汊型和矶头型四种类型。由于家鱼产卵对水流条件的需要，产卵场通常位于两岸地形变化较大的江段，如江面陡然紧缩、江心有沙洲、矶头伸入江中或河道弯曲多变的江段，这些江段流场复杂，易形成"泡漩水"，是家鱼卵受精播散的最佳水流环境。李建等基于1961—1966年长江干流家鱼的历史产卵场记载资料，统计分析了四大家鱼的产卵场类型，结果表明四大家鱼偏好在弯曲、分汊和矶头等具有特殊形态的河道中产卵。

细尺度的产卵场地形特征是研究产卵场水动力特征的基础。然而，一方面受限于家鱼产卵场定位的范围过大，目前对家鱼产卵场地形的研究和描述大多集中在河道和河段等较为宏观的尺度上，定量的、地貌单元尺度的地形特征研究（高程变异系数、地形复杂度和粗糙度、坡度、坡向、宽深比和宽窄率等），多见于中华鲟等珍稀鱼类的产卵场研究。另一方面，随着三峡工程的建成与运行，清水下泄使得长江中游宜昌至城陵矶江段的河道受到不同程度的冲刷，中游家鱼产卵场地形发生不同程度变化，水库调节也导致产卵场水动力条件发生改变，家鱼产卵规模持续萎缩。基于历史资料的产卵场地形特性研究也不尽适用于新的变化，因此还需对家鱼产卵场地形进行测量与定量分析，以期揭示地形演变对家鱼繁殖行为的影响规律，为鱼类产卵场评价及修复提供借鉴。

1.2.3　四大家鱼产卵的水文条件研究

水文条件是刺激家鱼产卵的重要因素之一。研究表明四大家鱼繁殖行为绝大多数是在涨水期间进行的，当产卵场的水温条件适合时，江水上涨就可能触发四大家鱼的产卵。近年来，国内一些学者应用生态水文学对四大家鱼自然繁殖的水文条件进行了深入探讨。郭文献等定量分析了三峡水库蓄水前后四大家鱼产卵期的生态水文情势变化情况，结果表明家鱼产卵期 5 月和 6 月多年平均流量分别减少了 4.1% 和 10.6%，多年平均含沙量下降 95%，产卵时间平均推迟 10 d 左右。李翀等分析了四大家鱼发江量与 3 项生态水文因子的变化关系，认为总涨水日数是决定家鱼发江量多寡的一个重要环境因子，并提出长江中游家鱼发江的生态水文目标为 5—6 月总涨水日数维持在（22.1±7.2）d。彭期冬综合分析了三峡工程调度对四大家鱼自然繁殖条件的影响，提出长江中下游四大家鱼自然繁殖涨水条件中最重要的生态水文指标为涨水持续时间。

四大家鱼产卵的水文需求与水文目标研究为三峡生态调度提供了理论基础，然而，王尚玉等对长江中游产卵场和非产卵场江段的生态水文指标进行对比发现，家鱼产卵场与非产卵场的水文条件没有明显差异。这表明，宏观尺度的水文条件只是家鱼自然繁殖的必要条件之一，而不是充分条件。为了研究家鱼产卵的水流触发机理，还需要进一步研究细尺度的产卵场水动力条件。

1.2.4　四大家鱼产卵场的水动力特性研究

河流的水动力特性与鱼类栖息地之间具有强烈的相关性。四大家鱼产卵场的水动力特性，是触发家鱼产卵的重要因素。目前，这方面的研究主要借助一维、二维水动力模型，选择简单的、大尺度的量化指标进行分析。彭期冬等建立了三峡库区一维河网水动力模型，模拟三峡水库按照设计调度运行方式运行前后的出库流量过程，分析了三峡工程不同调度情境下对家鱼自然繁殖涨水条件的影响。易雨君将一维水动力数学模型和栖息地适宜度方程相结合，建立了栖息地适宜度模型，模拟了不同流量和水位涨幅下的适宜度。王尚玉采用二维水动力模型，分析不同流量等级条件下，不同类型断面的流场流态，横向流速变化率及纵向流速变化率在涨、落水过程中的特征及差异。李建等建立二维水动力模型，对四大家鱼产卵河段的形态和水流特性进行了量化，分析了水力要素在典型断面上的分布特点。然而，四大家鱼产卵所需的"泡漩水"等复杂水流流态是高度三维的。一维和平面二维的水动力模型，难以模拟局部的、细尺度的涡旋等复杂流态。而目前常规的三维水动力模型又受限于家鱼产卵场定位范围太广，面临河道平面模拟尺度（几十公里）与垂向模拟尺度（几十米）极为不匹配、计算网格畸变和耗时巨大等问题，大大限制了家鱼产卵场的三维水动力特性研究。

四大家鱼产卵场的地形和水动力特征研究目前还处于起步阶段。虽然在水力学及河流动力学领域，细尺度的地形和水动力分析等研究相对成熟，但是由于家鱼产卵场定位范围太广、精度不高等问题，限制了家鱼产卵场特征及产卵触发机理等方面的研究。中国水产科学研究院长江水产研究所段辛斌研究员团队与中国水利水电科学研究院彭期冬、林俊强等开展深度合作，应用超声波遥测技术，查明家鱼产卵期间的洄游行为和时空分布，并结合鱼卵采样、家鱼亲本捕捞、水声学观测等方法，准确定位家鱼产卵点位和产卵场细致范围。在此基础上，对研究范围内的产卵场地形和流场进行同步测量，并借助三维水动力模型、数理统计和数据挖掘等研究手段，揭示四大家鱼产卵场的关键地形和水动力特征。

1.3 研究内容

本书分为 7 章，具体内容如下：

第一章"绪论"：主要介绍本书的研究背景和意义。

第二章"长江四大家鱼产卵场演变"：收集了 20 世纪 60 年代、80 年代和 21 世纪初四大家鱼产卵场的相关调查资料，汇总了近年来长江中上游四大家鱼产卵场现状监测数据，梳理了长江四大家鱼产卵场演变过程。

第三章"长江四大家鱼产卵场定位"：介绍了超声波遥测技术及其应用方法，解析了四大家鱼亲本繁殖期时空分布格局，与第二章内容相互验证，同时为产卵场地形及水动力特征分析提供了重要工作基础。

第四章"四大家鱼产卵场地形特征"：介绍了产卵场地形测量及地形指标分析方法，建立了产卵场地形指标体系，通过系统对比三峡大坝运行前后宜都产卵场地形指标差异，揭示了四大家鱼产卵场关键地形特性。

第五章"四大家鱼产卵场水动力特征"：介绍了产卵场三维水动力模型及其构建方法，分析了不同流量条件下四大家鱼产卵场流速、水深、傅汝德数等水动力指标特征，提出了四大家鱼产卵的生态水力需求。

第六章"四大家鱼产卵场适宜性评价"：介绍了产卵场栖息地适宜性评价模型及其构建方法，揭示了产卵场生态流量、产卵量及适宜性面积之间的响应关系，提出了繁殖期四大家鱼产卵场所需的生态流量范围。

第七章"结论与展望"：介绍了本书的主要研究结论，提出了今后的研究方向。

长江四大家鱼产卵场演变

2.1 概述

在 20 世纪 60 年代以前，长江四大家鱼产卵场未开展过研究，仅依靠鱼苗捕捞生产经验判断，产卵场分布尚不明晰。随着长江流域规划工作开展，为评估拟建葛洲坝及三峡大坝对渔业资源的影响，中国科学院水生生物研究所联合多个高校及科研院所在 20 世纪 60 年代和 80 年代开展两批次大规模四大家鱼产卵场调查。21 世纪后，中国水产科学研究院长江水产研究所多次对长江中上游四大家鱼产卵场进行调查复核。本章节对多年的调查结果进行系统梳理，揭示长江四大家鱼产卵场演变过程，为后续产卵场精确定位及特征研究提供重要基础。

2.2 四大家鱼产卵场调查方法

2.2.1 四大家鱼早期资源监测

四大家鱼繁殖期（5—7 月）在长江重点江段设置调查断面，长江左、右岸和江中均布设采样点，定时定量采集江水表层、中层及底层的鱼卵。非苗汛时期，采集时间为上午、下午各一次，苗汛期采集时间为 24 h 定时连续采集，并尽可能接近产卵场核心位置。卵苗采集网具为圆锥网（网目 0.5 mm、网衣长度 2.0 m）和弶网（网目 0.776 mm、网衣长度 2.5 m），并同步测量网口流速、溶解氧、电导率、pH、水温等相关环境参数，水位和流量数据参考相应水文站提供的数据。

2.2.2 鱼卵鉴定

采集到的鱼卵在现场使用奥林巴斯解剖镜 SZX16 进行观察，鉴别鱼卵发育时期，测定其卵径、膜径。鱼卵种类鉴定在实验室进行：将采集到的鱼卵用无水乙醇保存后，带回实验室提取 DNA，经 PCR 细胞色素 B 进行测序，使用 DNA STAR 软件包中的 Seqman 对返回序列进行检查，然后在 NCBI 网站（http://blast. ncbi. nlm. nih. gov/Blast. cgi）中进行比对，以序列相似度最高为鉴定标准。

2.2.3 产卵场位置推算

利用家鱼卵的漂流性质，依据采集到鱼卵的发育时期，结合水温、流速来推算鱼卵产出后的漂流距离，由此反向推断出产卵场位置。推测公式如下：

$$L=VT$$

式中，L 为鱼卵的漂流距离，单位为 m；V 为采集江段的平均流速，单位为 m/s；T 为胚胎发育所经历的时间，单位为 s。

2.2.4 产卵规模估算

（1）网口单位时间的鱼卵密度：

$$d=\frac{n}{S\times V\times t}$$

式中，d 为鱼卵单位时间内进网密度（粒/m³），S 为网口面积（m²），V 为网口流速（m/s），n 为采集时间内进网鱼卵数量（粒），t 为采集时间（s）。

（2）采样断面鱼卵平均密度与定点鱼卵密度相比系数：

$$C=\frac{\sum \overline{d}}{d_1}$$

式中，C 为鱼卵平均密度相比系数，d_1 为固定采样点的鱼卵密度，$\overline{d}$ 为某断面各采样点鱼卵的平均密度。

（3）24 h 内一次采集期间鱼卵径流量：

$$M_i=d_i\times Q_i\times C$$

式中，M_i 为第 i 次采集时段内通过该断面的鱼卵径流量（粒），d_i 为第 i 次采集的鱼卵密度（粒/m³），Q_i 为第 i 次采集时的断面流量（m³/s）。

（4）24 h 内非一次采集时期卵苗径流量：

$$M_{i,i+1}=\frac{t_{i,i+1}}{2}\left(\frac{M_i}{t_i}+\frac{M_{i+1}}{t_{i+1}}\right)$$

用相邻两次采集的径流量及间隔时间进行插值计算。式中，$M_{i,i+1}$ 为第 i，$i+1$ 次采集时间间隔内的鱼卵径流量（粒），$t_{i,i+1}$ 为第 i，$i+1$ 次采集时间间隔（s）。

（5）采集江段的卵苗总径流量：

$$M=\sum M_i+\sum M_{i,i+1}$$

式中，$\sum M_i$ 为 24 h 内各次定时采集的鱼卵流量之和，$\sum M_{i,i+1}$ 为前后两次采集之间非采集时间内计算出的鱼卵流量之和。

2.3 20 世纪 60 年代四大家鱼产卵场

20 世纪 60 年代，长江干流重庆至彭泽 1 695 km 江段分布有四大家鱼产卵场 36 处，产卵场江段累计长度 707 km。1964—1965 年，年均产卵总规模约 1 184 亿粒。长江上游分布有重庆、木洞、涪陵、忠县、万县、云阳、巫山、秭归和宜昌 9 处四大家鱼产卵场，累计长度 238 km，其中以宜昌产卵场延伸里程最大，为 46 km；长江中游分布有虎牙滩、枝城、江口、荆州、郝穴、石首、新码头、新滩口、监利、下车湾、尺八口、白螺矶、洪湖、陆溪口、嘉鱼、燕窝、牌洲、大嘴、白浒山、团风、鄂城、黄石、蕲州、富池口和九江 25 处四大家鱼产卵场，累计长度 442 km，其中以黄石产卵场延伸里程最大，为 37 km；长江下游分布有湖口、彭泽 2 个产卵场，累计长度 27 km。

1964—1965 年，长江上游产卵场年均产卵规模 269 亿粒，占干流总规模的 22.7%，产卵规模以宜昌产卵场最大，为 80 亿粒；长江中游产卵场年均产卵规模 905 亿粒，占干流总规模的 76.4%，产卵规模以黄石产卵场最大，为 68 亿粒；长江下游产卵场年均产卵规模 10 亿粒，占干流总规模的 0.9%（表 2-1）。

表 2-1 长江干流四大家鱼产卵场的分布和规模（1964—1965 年）

序号	名称	延伸范围	延伸距离(km)	产卵规模			
				1964 年		1965 年	
				产卵量(万粒)	百分比(%)	产卵量(万粒)	百分比(%)
1	重庆	巴县—重庆	30	193 080	1.79	474 124	3.97
2	木洞	木洞—洛碛	20	128 112	1.19	103 802	0.80
3	涪陵	涪陵—珍溪镇	25	191 250	1.78	363 430	2.81
4	忠县	忠县—西沱镇	35	242 130	2.25	249 072	1.93
5	万县	万县—周溪场	18	121 065	1.13	258 251	2.00
6	云阳	云阳—故陵	20	121 065	1.13	330 458	2.56
7	巫山	巫山—楠木园	38	208 589	1.94	219 921	1.70
8	秭归	泄滩—秭归	6	240 539	2.23	323 160	2.52
9	宜昌	三斗坪—十里红	46	774 029	7.19	834 670	6.46
10	虎牙滩	仙人桥—虎牙滩	3	351 381	3.26	329 715	2.55

（续）

序号	名称	延伸范围	延伸距离(km)	产卵规模			
				1964 年		1965 年	
				产卵量(万粒)	百分比(%)	产卵量(万粒)	百分比(%)
11	枝城	枝城—董市	30	162 786	1.51	345 715	2.68
12	江口	江口—涴市	25	573 658	5.33	417 566	3.23
13	荆州	荆州—公安	35	347 437	3.23	289 700	2.24
14	郝穴	郝穴—新厂	15	438 736	4.08	244 268	1.89
15	石首	藕池口—石首	16	635 135	5.91	488 537	3.78
16	新码头	新码头—刘河口	22	499 758	4.64	623 513	4.83
17	新洟口	新洟口—塔市驿	21	378 543	3.52	417 171	3.23
18	监利	监利—陈家码头	13	239 160	2.22	675 477	5.23
19	下车湾	下车湾—砖桥	16	212 520	1.97	398 469	3.09
20	尺八口	反嘴—观音洲	35	302 040	2.81	571 186	4.42
21	白螺矶	城陵矶—龙头山	21	302 040	2.81	509 988	3.95
22	洪湖	洪湖—叶家洲	7	348 475	3.24	382 491	2.96
23	陆溪口	赤壁—陆溪口	7	320 100	2.97	127 497	0.99
24	嘉鱼	嘉鱼岩—嘉鱼夹	16	348 475	3.24	254 995	1.98
25	燕窝	燕窝—汉金关	5	232 938	2.16	396 016	3.07
26	牌洲	牌洲—洪水口	14	420 480	3.91	594 023	4.60
27	大嘴	邓家口—大嘴	7	210 240	1.95	198 008	1.53
28	白浒山	青山—葛店	29	420 480	3.91	792 032	6.13
29	团风	芭蕉湾—三江口	14	397 800	3.70	333 591	2.58
30	鄂城	樊口—龙王矶	11	225 240	2.09	412 794	3.20
31	黄石	兰溪—岚头矶	37	723 000	6.72	637 289	4.94
32	蕲州	挂河口—笔架山	7	112 620	1.05	79 203	0.61
33	富池口	富池口—下巢湖	6	112 620	1.05	79 203	0.61
34	九江	赤湖—白水湖	30	112 620	1.05	79 203	0.61
35	湖口	湖口—八里江	5	56 310	0.52	39 602	0.31
36	彭泽	中夹口—小孤山	22	56 310	0.52	39 602	0.31
	总计		707	10 760 661	100	12 913 742	100

2.4 20世纪80年代四大家鱼产卵场

1981年，长江干流重庆至武穴1 520 km江段共分布有四大家鱼产卵场24处，产卵总规模173亿粒。长江上游分布有重庆、木洞、涪陵、高家镇、忠县、大丹溪、云阳、奉节、巫山、秭归和宜昌坝上11个四大家鱼产卵场，其中以云阳产卵场延伸里程最大，为60 km；长江中游分布有宜昌坝下、白洋、枝城、江口、荆州、新厂、石首、监利、螺山、嘉鱼、新滩口、鄂城和道士袱13个四大家鱼产卵场，其中以监利产卵场延伸里程最大，为70 km。长江上游产卵场产卵规模63亿粒，占干流总规模的36.3%，产卵规模以巫山产卵场最大，为47亿粒；长江中游产卵场产卵规模110亿粒，占干流总规模的63.7%，产卵规模以江口产卵场最大，为21亿粒（表2-2）。

与20世纪60年代调查结果相比，长江干流四大家鱼产卵场的分布范围基本相符，但产卵规模明显缩小，仅约为原来的15%。宜昌以上江段的产卵场仍然全部存在，新发现高家场镇和奉节两处产卵场；原宜昌产卵场被葛洲坝分隔为坝上和坝下2个产卵场，南津关至大坝江段的产卵场消失；宜昌以下江段中，新发现白洋产卵场，但陆溪口、燕窝、大咀、白浒山、团风、蕲州、富池口等产卵场消失。

表2-2 长江干流四大家鱼产卵场的分布和规模（1981年）

序号	名称	范围	延伸距离（km）	产卵量（万粒）	百分比（%）
1	重庆	重庆及以上		3 718.0	0.21
2	木洞	木洞上下		16 952.6	0.98
3	涪陵	涪陵上下		22 108.7	1.28
4	高家镇	高家镇上下		11 210.7	0.65
5	忠县	西沱—忠县	47	34 075.5	1.96
6	大丹溪	大丹溪上—小丹溪下	10	66 375.7	3.83
7	云阳	小江—云阳下	60	87 659.5	5.05
8	奉节	安坪—奉节上	21	31 521.9	1.82
9	巫山	碚石上—奉节下	47	171 041.5	9.86
10	秭归	巴东下—太平溪	40	135 412.4	7.81
11	宜昌坝上	三斗坪—南津关	35	50 160.0	2.89
12	宜昌坝下	葛洲坝下—宜昌上	40	111 371.1	6.42
13	白洋	宜昌—枝城上	16	74 399.0	4.29
14	枝城	枝城—枝江	33	102 393.0	5.90

（续）

序号	名称	范围	延伸距离（km）	产卵量（万粒）	百分比（%）
15	江口	江口—苑市	23	205 637.0	11.85
16	荆州	荆州—公安	53	203 224.0	11.72
17	新厂	新厂上下	25	174 896.0	10.08
18	石首	石首—调关	21	86 983.0	5.01
19	监利	塔市驿—尺八口	70	75 166.8	4.33
20	螺山	新堤—城陵矶下	40	50 804	2.93
21	嘉鱼	复兴洲附近	5	13 286.0	0.77
22	新滩口	洪水口—簰洲	13	5 733.0	0.33
23	鄂城	鄂城上下		255.0	0.01
24	道士袱	道士袱上下		288.1	0.02
	合计			1 734 672.5	100.0

1986 年，长江干流重庆至武穴江段分布有四大家鱼产卵场 30 处，产卵场江段累计长度 512 km。长江上游分布有重庆、木洞、长寿、涪陵、高家镇、忠县、万县、云阳、巫山、秭归、三斗坪 11 个四大家鱼产卵场，其中以云阳产卵场延伸里程最大，为 38 km；长江中游分布有宜昌、虎牙滩、宜昌、枝江、江口、荆州、郝穴、石首、调关、监利和反咀 11 个产卵场，其中以黄石产卵场延伸里程最大，为 31 km。长江上游产卵场产卵规模占干流总规模的 29.6%，其中以忠县产卵场的规模最大，占 6.0%；长江中游产卵场产卵规模占干流总规模的 42.7%，以宜昌产卵场的规模最大，占 14.7%（表 2-3）。

与 1981 年调查结果相比，葛洲坝枢纽兴建后，四大家鱼产卵场的分布范围没有发生明显变化。因葛洲坝蓄水后水文条件的改变，宜昌坝上产卵场规模大幅度缩减；由于四大家鱼亲鱼多集中在葛洲坝下不远的江段产卵，宜昌坝下、虎牙滩产卵场规模显著增大，成为干流最重要的产卵场。

表 2-3 长江干流四大家鱼产卵场的分布和规模（1986 年）

序号	名称	范围	延伸距离（km）	规模（%）
1	重庆	寸滩—唐家沱	10	1.2
2	木洞	木洞—洛碛	18	2.4
3	长寿	镇安镇—蔺市镇	8	2.0
4	涪陵	珍溪镇—立市镇	15	2.6
5	高家镇	高家镇—洋渡溪	18	4.0

（续）

序号	名称	范围	延伸距离（km）	规模（%）
6	忠县	忠县—西沱镇	25	6.0
7	万县	大舟—小舟	10	4.1
8	云阳	云阳—故陵—安坪	38	3.7
9	巫山	涪石—楠木园	14	2.4
10	秭归	泄滩—青滩	20	0.5
11	三斗坪	太平溪—石牌	30	0.7
12	宜昌	十里红—烟收坝	8	14.7
13	虎牙滩	仙人桥—虎牙滩	3	11.0
14	宜昌	云池—宜昌	7	0.5
15	枝江	洋溪镇—枝江	29	1.8
16	江口	江口—涴市	25	3.1
17	荆州	虎渡河口—荆州	12	1.8
18	郝穴	郝穴—新厂	15	2.7
19	石首	藕池口—石首	10	1.1
20	调关	碾子湾—调关	22	2.9
21	监利	塔市驿—老河下口	25	1.1
22	反咀	盐船套—荆江门	8	2.0
23	螺山	白螺矶—螺山	19	1.9
24	嘉鱼	陆溪口—嘉鱼	23	1.4
25	牌洲	甲东岭—新滩口	13	2.2
26	大咀	大咀—纱帽山	14	1.1
27	白浒山	阳逻—葛店	15	1.6
28	团风	团风—两河口	6	4.6
29	黄石	巴河口—道士袱	31	6.9
30	田家镇	蕲州—半边山	21	8.0
		总计	512	100

2.5　21世纪初四大家鱼产卵场

2003—2006年，长江中游宜昌至城陵矶江段分布有宜昌、宜昌、枝江、江口、荆州、郝穴、石首、调关、监利和反咀10个四大家鱼产卵场，产卵场江段累计长度232 km，其中以调关产卵场延伸里程最大，为43 km（表2-4）。宜昌至城陵矶江段四大家鱼产卵规模合计 10.8 亿粒。与 20 世纪 80 年代相比较，四大家鱼产卵场在宜昌至城陵矶江段的地理分布范围无明显变化，但产卵规模明显缩小，仅约为原来的 10%。

2010—2012 年，长江上游重庆以上江段分布有白沙镇、朱杨镇、羊石镇、榕山镇、合江县、弥陀镇、泸州市、大渡口红安县和南溪县 8 个四大家鱼产卵场，产卵场年均总产卵规模 3.36 亿粒（表 2-5），年均产卵规模以榕山镇产卵场最大，为 0.66 亿粒。

表 2-4　长江中游宜昌至城陵矶江段四大家鱼产卵场的分布（2003—2006 年）

序号	名称	产卵场范围	延伸距离（km）
1	宜昌	十里红—古老背	24
2	宜昌	云池—宜昌	10
3	枝江	洋溪—枝江	29
4	江口	江口—涴市	25
5	荆州	虎渡河—观音寺	27
6	郝穴	马家寨—新厂	28
7	石首	藕池河口—石首	15
8	调关	莱家铺—调关	43
9	监利	塔市驿—沙家边	25
10	反咀	盐船套—荆江门	6
		合计	232

表 2-5　长江上游重庆以上江段四大家鱼产卵场的分布和规模（2010—2012 年）

序号	名称	产卵量（亿粒）				占比（%）
		2010 年	2011 年	2012 年	年均	
1	白沙镇	0.32	1.01	0.37	0.57	16.9
2	朱杨镇	0.35	0.11	0.00	0.15	4.6
3	榕山镇	0.52	0.00	1.47	0.66	19.7
4	合江县	0.60	1.26	0.00	0.62	18.5
5	弥陀镇	0.32	0.66	0.18	0.39	11.5
6	泸州市	0.80	0.52	0.12	0.48	14.3
7	江安县	0.08	0.73		0.27	8.0
8	南溪县	0.08	0.33	0.25	0.22	6.5
	合计	3.07	4.62	2.39	3.36	100.0

2.6 四大家鱼产卵场现状

2014—2018 年四大家鱼产卵主要分布在长江中上游 13 个江段（产卵规模＞0.1 亿粒），产卵场江段约 376 km，产卵场面积约 471.5 km²。长江上游主要分布在合江县、涪陵区和涪陵珍溪镇 3 个江段，产卵场江段约 180 km，面积约 182 km²。长江中游主要分布在宜昌、枝江上、枝江下、石首、岳阳君山、洪湖白螺、洪湖、团风、鄂州下和黄石 10 个江段，产卵场江段约 196 km，面积约 289.5 km²（表 2-6）。

表 2-6　长江干流四大家鱼产卵场（2014—2018 年）

序号	名称	范围	产卵场的大小	产卵规模（亿粒）					
				2014 年	2015 年	2016 年	2017 年	2018 年	2014—2018 年
1	合江	泸州市—白沙镇	长度 140 km、面积 144 km²	2.06	1.57	1.81	1.75	2.64	1.97
2	涪陵区	李渡镇—乌江口	长度 13 km、面积 14 km²	未调查	未调查	未调查	未调查	0.24	0.24
3	涪陵珍溪	清溪镇—湛普镇	长度 27 km、面积 24 km²	未调查	未调查	未调查	未调查	0.60	0.60
4	宜昌	葛洲坝下—红花套镇下	长度 32 km、面积 36.5 km²	5.28	6.03	未调查	8.45	9.34	7.28
5	枝江上	白洋镇—枝江市上	长度 34 km、面积 45.2 km²	0.66	0.29	未调查	未调查	未调查	0.48
6	枝江下	百里洲镇—洮市镇	长度 27 km、面积 30.2 km²	0.53	1.14	未调查	未调查	未调查	0.84
7	石首	石首市上下	长度 20 km、面积 24 km²	0.01	0.18	0.03	0	0.37	0.12
8	岳阳君山	城陵矶上	长度 12 km、面积 12.1 km²	0.16	0.28	0.00	未调查	未调查	0.15
9	洪湖白螺	永济乡—陆城镇	长度 13 km、面积 29.9 km²	0.11	0.13	0.16	未调查	未调查	0.13
10	洪湖	洪湖市—陆溪镇	长度 25 km、面积 37.5 km²	0.71	0.53	0.78	未调查	未调查	0.67
11	团风	团风县城上下	长度 10 km、面积 22.9 km²	未调查	0.14	1.95	0	未调查	0.70
12	鄂州下	燕矶镇—杨叶镇	长度 13 km、面积 28.6 km²	未调查	0.07	2.02	0.07	未调查	0.72
13	黄石	西塞山—河口镇	长度 10 km、面积 22.6 km²	未调查	0.00	未调查	0.31	未调查	0.10
	合计		长度 376 km、面积 471.5 km²	9.52	10.36	7.06	10.27	13.19	14.00

2.7 产卵场分布的历史变迁

与 1981 年调查结果相比，长江干流江段具有一定规模的四大家鱼产卵场（＞0.1 亿粒）分布江段由 24 个减少至 13 个，产卵规模较大的产卵场（＞1.0 亿粒）由 20 个缩减至 2 个。产卵场范围由 659 km 缩短至 376 km。

目前，四川合江江段新形成了一个范围和规模较大的四大家鱼产卵场，丰都至宜昌葛洲坝上（库区）江段，由于三峡大坝蓄水，形成库区，水流极缓慢，即便有少数四大家鱼在此产卵，漂流性的鱼卵也可能沉入水底死亡，理论上已不具备形成四大家鱼产卵场的水文环境。

宜昌葛洲坝下至九江江段，大部分产卵场目前仍然存在，但范围大幅缩小。宜昌葛洲坝下、枝江市江段、嘉鱼及其以下江段产卵场范围与 1981 年基本一致，荆州至洪湖江段内产卵场江段由 209 km 缩减至 70 km；另新调查到团风和黄石 2 个产卵场（图 2 - 1）。

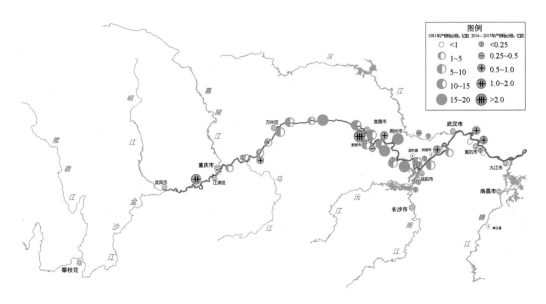

图 2 - 1 1981 年和 2014—2018 年长江四大家鱼产卵场比较示意

Chapter 3 第三章

长江四大家鱼产卵场定位

3.1 概述

超声波遥测技术诞生于 20 世纪 50 年代中期，近年来，随着超声波生物遥测技术的发展，定位精度不断提高，已达到亚米级，并且跟踪时长也显著提高，因而该项技术也被用于更为细致的研究，例如鱼类的交配行为、聚礁行为、栖息地辨别行为、产卵场定位、水生生物资源丰富度评价、产卵期行为特征、水生生物增殖放流效果评价等。本章在四大家鱼产卵场调查基础上，针对长江中游宜昌（庙咀、宜都）、枝城四大家鱼关键产卵场开展四大家鱼亲本超声波遥测追踪研究，定位出核心产卵区，进一步解析家鱼亲本繁殖期时空分布格局，为产卵场地形及水动力特征分析提供重要边界条件。

3.2 超声波遥测定位方法

3.2.1 超声波遥测系统

超声波遥测系统主要包括信号发射装置和接收装置。发射装置主要是实现对超声波信号的发射，而接收装置则可以对信号予以识别、存储。最后运用计算机对所有信息、数据进行分析处理，实现位置、深度等信息的转换。

（1）发射装置

发射装置，即超声波标志，主要包括 CPU、振动子、电池、传感器及电路控制板等。本书使用超声波标志的发射信号频率为 69.0 kHz，主要有两种规格，分别为 V9‑2X 和 V8‑4X，其中 V9‑2X 型号的标志编号为 55127~55203，共计 77 个；V8‑4X 型号的标志编号为 34540~34569，共计 30 个；以及一个 V9‑2L 型号，标志编号为 54717。两个主要型号的发射器参数见表 3‑1。

表 3-1　超声波标志型号及其参数指标

型号	数量（个）	电池寿命（d）	功率（L/H）	最小延迟（s）	最大延迟（s）
V9-2X	77	912	L	150	210
V8-4X	30	246	L	60	180
V9-2L	1	910	L	60	180

（2）接收装置

超声波的信号接收方式有两种，即固定接收和主动追踪接收。

固定接收装置包括 VR2W 超声波信号接收机、读取设备（笔记本电脑、蓝牙接收器、读取钥匙和 VUE 软件）及 GPS 卫星定位系统。VR2W 超声波信号接收器能够同时识别多个发射器的编码、接收多个频率的超声波，同时记录超声波发射器所处位置、水深（超声波发射器含压力感受器）、水温（超声波发射器含温度感受器）、编号和时间等数据，且可以实现对超声波标记对象的 24 h 全时段监测功能。利用读取设备，能将 VR2W 的数据信息传输到计算机进行处理。

主动追踪接收装置包括 VR100 超声波信号接收机、水下听筒、GPS 卫星定位系统及快艇。其中 VR100 超声波接收机为 8 频道数字信号处理接收机，使用地图为 Map112，能够显示发射器编号、定位时间、地理位置、信号强度、水温和水深等数据。VR100 配套有两种水下听筒，分别为 VH165 全方位水下听筒和 VH110 定向水下听筒，发射频率均为 69 kHz，与 VR100 连接后，能够将接收到的超声波信号传给 VR100。GPS 全程记录快艇的移动轨迹，为超声波鱼类跟踪提供导航。追踪开始时将水下听筒置于快艇的侧边，深入水下 1 m 左右，在江面按照"Z"形路线行驶，用 GPS（精确度为 5 m）记录行船轨迹。

3.2.2　研究区域划分

将宜昌（宜都）和枝城产卵场江段纵向上从上游往下游分为 5 个区，依次为 A、B、C、D、E，横向上从右岸往左岸分为 1、2 两个区，每个产卵场都分为 10 个区（图 3-1，图 3-2）。VR2W 接收机的布置也都在相应的分区内，如枝城 1-3 号接收机（图 3-6 b）位于枝城 A1 区。

根据标志鱼的信号接收测试结果，VR2W 超声波信号接收机有效探测距离为 490 m，VR100 超声波信号接收机的有效接收距离约为 510 m，在 50 m 的范围内，探测信号强度大于 60（图 3-3）。

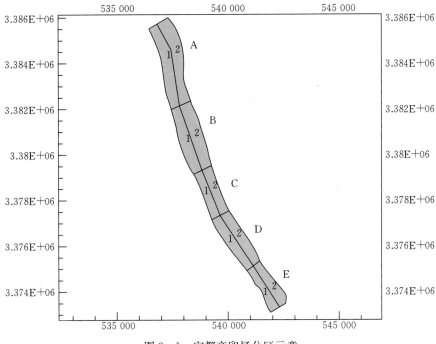

图 3-1 宜都产卵场分区示意

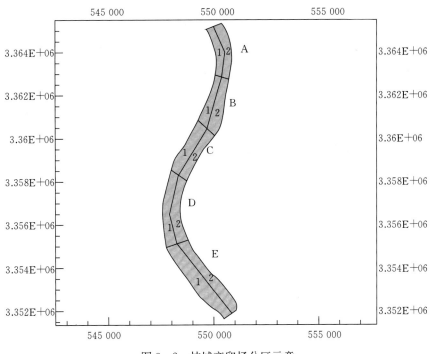

图 3-2 枝城产卵场分区示意

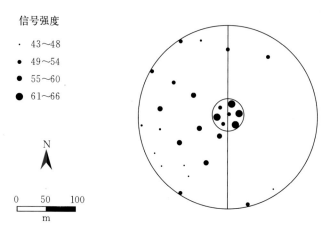

图 3-3　超声波发射器有效探测距离测试

注：大圆直径为 510 m，小圆直径为 50 m

3.2.3　标志及监测

本书所用四大家鱼亲本由湖北省监利县老江河四大家鱼原种场提供，选择身体状况良好、无鳞片脱落、运动能力强的个体，共计 108 尾。其中青鱼 20 尾，草鱼 29 尾，鲢 37 尾，鳙 22 尾。四种标志鱼体长体重见图 3-4、图 3-5。标志鱼的平均体长为（78.76±6.83）cm，平均体重为（12.95±2.46）kg。

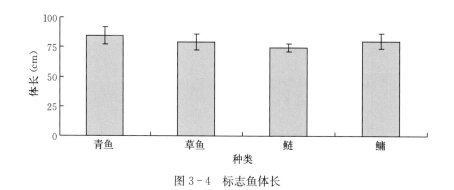

图 3-4　标志鱼体长

标志鱼暂养一个月后，于 2016 年 6 月 1 日在枝江放流（30.408 32°N，111.721 550°E），放流前用 VR100 超声波信号接收机探测标志鱼超声波发射状况，发现有 2 尾标志鱼发射器脱落（鲢，超声波编号 55127、55129），其余 106 尾标志鱼均探测到超声波信号，因此实际放流有效标志鱼为 106 尾，暂养期间超声波标志保持率为 98.15%。标志鱼详细的信息如表 3-2 所示。

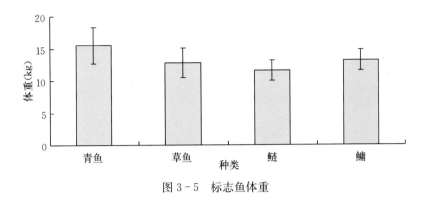

图 3-5 标志鱼体重

表 3-2 四大家鱼生物学特征及其标志编号

种类	体长（cm）	体重（kg）	性别	标号	种类	体长（cm）	体重（kg）	性别	标号
鲢	72.00	10.65	Y	34566	鳙	79.00	12.00	Y	34548
鲢	74.00	9.55	Y	34567	青鱼	87.00	15.70	C	34540
鲢	74.00	10.00	C	34568	鳙	74.00	10.65	X	34542
鲢	72.00	10.50	C	34569	草鱼	77.00	8.75	C	34543
鲢	83.00	12.80	X	34564	青鱼	91.00	18.50	Y	34544
鲢	73.00	7.95	Y	34565	草鱼	76.00	11.20	X	34545
鲢	75.00	12.60	X	34556	草鱼	86.00	18.55	C	34546
鲢	77.00	9.45	Y	34557	青鱼	81.00	13.70	X	34547
鲢	75.00	12.05	C	34559	鲢	73.00	12.50	C	55127
鲢	80.00	12.20	Y	34558	鲢	70.00	7.85	Y	55128
草鱼	69.00	12.50	X	34562	鲢	70.00	12.50	X	55129
草鱼	82.00	12.55	X	34561	鲢	72.00	14.70	C	55130
草鱼	88.00	13.50	X	34560	鲢	75.00	11.50	X	55131
草鱼	88.00	14.40	Y	34563	鲢	72.00	12.75	Y	55132
鳙	86.00	11.20	X	34541	鲢	74.00	12.55	C	55133
鳙	76.00	14.70	X	34549	鲢	73.00	10.70	Y	55134
鳙	83.00	14.50	X	34554	鲢	69.00	11.65	X	55135
鳙	87.00	14.50	Y	34555	鲢	78.00	11.70	X	55136
鲢	72.00	12.05	X	34553	鲢	75.00	12.75	X	55137
鳙	92.00	15.80	Y	34550	鲢	84.00	14.25	X	55138
鳙	69.00	13.20	X	34551	鲢	75.00	12.00	Y	55139
鳙	78.00	15.00	C	34552	鲢	68.00	12.20	X	55140

（续）

种类	体长（cm）	体重（kg）	性别	标号	种类	体长（cm）	体重（kg）	性别	标号
鲢	75.00	9.35	Y	55141	青鱼	69.00	13.55	X	55173
鲢	73.00	12.70	X	55142	青鱼	86.00	18.20	C	55174
鳙	75.00	10.50	X	55143	鲢	75.00	12.50	X	55175
鲢	76.00	11.20	X	55144	草鱼	86.00	13.50	X	55176
鲢	78.00	14.05	X	55145	草鱼	65.00	7.40	X	55177
鳙	78.00	13.00	C	55146	青鱼	94.00	18.00	X	55178
鲢	76.00	12.25	X	55147	草鱼	89.00	15.80	X	55179
鲢	74.00	11.70	X	55148	青鱼	88.00	19.10	X	55180
草鱼	86.00	14.50	Y	55149	鲢	78.00	12.00	X	55181
草鱼	77.00	13.65	C	55150	草鱼	78.00	12.00	X	55182
鲢	75.00	12.10	X	55151	草鱼	79.00	12.65	C	55183
鲢	71.00	9.50	X	55152	青鱼	96.00	19.05	X	55184
鳙	75.00	11.20	C	55153	鳙	80.00	12.00	X	55185
草鱼	74.00	13.55	C	55154	鲢	75.00	12.40	X	55186
草鱼	88.00	12.30	X	55155	青鱼	83.00	14.25	C	55187
鳙	74.00	12.65	C	55156	青鱼	88.00	16.20	X	55188
草鱼	86.00	16.00	X	55157	草鱼	69.00	9.60	X	55189
鳙	73.00	12.75	X	55158	草鱼	83.00	13.10	Y	55190
鳙	76.00	12.25	Y	55159	鲢	75.00	9.70	X	54717
鳙	83.00	14.00	C	55160	青鱼	81.00	12.90	C	55191
鳙	90.00	16.00	X	55161	青鱼	73.00	13.35	C	55192
鳙	78.00	12.20	X	55162	青鱼	82.00	12.80	C	55193
鳙	93.00	15.05	Y	55163	青鱼	74.00	10.70	C	55194
鳙	84.00	13.50	X	55164	鳙	78.00	13.55	X	55195
草鱼	77.00	11.90	C	55165	青鱼	92.00	16.85	C	55196
青鱼	96.00	21.90	C	55166	草鱼	89.00	11.50	X	55197
草鱼	81.00	12.00	C	55167	青鱼	81.00	12.60	X	55198
草鱼	79.00	15.50	X	55168	青鱼	85.00	14.85	X	55199
草鱼	78.00	12.50	X	55169	草鱼	72.00	9.95	X	55200
草鱼	80.00	11.00	Y	55170	草鱼	72.00	13.90	C	55201
草鱼	74.00	14.20	Y	55171	草鱼	71.00	11.80	C	55202
青鱼	82.00	14.10	C	55172	青鱼	82.00	13.80	C	55203

放流开始前，将 VR2W 用绳索悬挂于需要监测的江段，可选择的点位主要有产卵场沿岸的海事或航道趸船、水上加油站或者固定的作业趸船，由于航标船的位置随着流量大小而变动，因此尽量不选择航标船。将 VR2W 置于水下 2 m 为宜，同时在其悬挂的绳索末端绑上重物，确保其能垂直向下。固定监测的时间开始于 2016 年 5 月 28 日。

VR2W 接收机布置见图 3-6。放流前在宜都江段及枝城江段分别布置 9 个、15 个 VR2W 接收机；7 月 1 号将枝城江段 6 个监测站点的 VR2W 接收机转移至坝下江段；在 7 月 30 日，将枝城江段 5 个接收机、宜都江段 3 个接收机、庙咀江段 4 个接收机往下游各个江段布置。

(a)　　　　　　　　　　　　(b)

(c)　　　　　　　　　　　　(d)

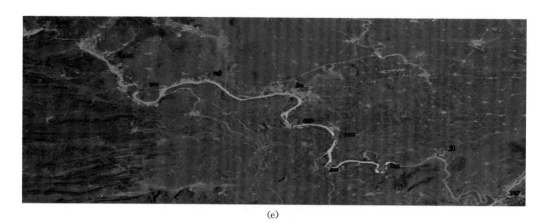

(e)

图 3-6　VR2W 接收机布置状况

（a）宜都 VR2W 接收机布置位点　（b）枝城前期 VR2W 接收机布置位点　（c）枝城后期 VR2W 接收机布置位点
（d）坝下 VR2W 接收机布置位点　（e）长江中游接收机布置位点

3.3　超声波定位研究结果

截至 2016 年 11 月 2 日共定位标志鱼 4 866 次，其中草鱼的监测率较低，为 17.24%；青鱼的监测率为 35%；鲢、鳙的监测率较高，分别为 62.86%、72.73%。标志鱼的总体监测率为 47.17%，平均监测次数 97.32 次/尾（表 3-3）。各个站点的监测情况为：庙咀江段 219 次，宜都江段 906 次，枝城江段 3 714 次，枝江江段 2 次，荆州江段 2 次，公安江段 1 次，石首江段 17 次，调关江段 5 次。

表 3-3　标志鱼监测情况

监测情况	青鱼	草鱼	鲢	鳙	合计
放流数量（尾）	20	29	35	22	106
监测数量（尾）	7	5	22	16	50
监测率（%）	35	17.24	62.86	72.73	47.17
定位次数（次）	229	281	778	3 578	4 866
平均定位（次/尾）	32.71	56.2	35.36	223.63	97.32

为了解繁殖时期标志鱼在产卵场范围内的分布情况，统计了 2016 年 6 月 1 日至 7 月 31 日 3 个产卵场各个监测站点的定位情况（图 3-7 至图 3-9）。从枝城产卵场定位结果可以看出，位于枝城的 1～3 号监测站点监测到放流亲本的数量与定位次数均明显高于其他监测站点；宜都产卵场 2～7 号监测站均监测到较多放流亲

本，其中5、6号站点定位次数较多。受限于设备数量，宜昌监测站开始监测时间为7月1日，其中4号监测站点定位到较多信号。

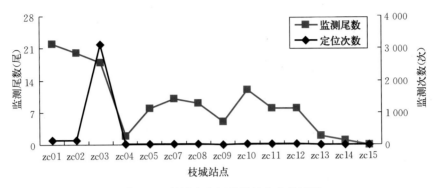

图3-7 枝城产卵场监测站点定位情况

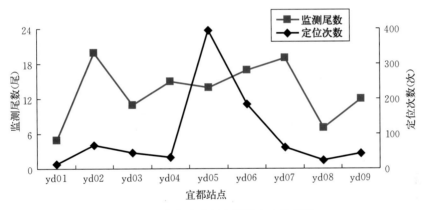

图3-8 宜都产卵场监测站点定位情况

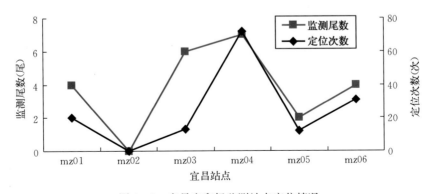

图3-9 宜昌产卵场监测站点定位情况

结合VR2W接收机分布图及产卵场分区图可知，产卵期间标志鱼主要分布于

25

枝城产卵场 A1 区、宜都产卵场 C1、C2。繁殖期内枝城 A1 区共监测到标志鱼 30 尾，累积定位 3 422 次。宜都 C 区共监测到标志鱼 30 尾，累积定位 641 次。由枝城 A1 区监测情况可以看出，繁殖期间标志鱼在该区域的分布时间主要在 6 月，其中有两尾标志鱼在该区域停留时间较长，其中一尾编号为 34554 的雄性鳙于 6 月 9 日 6 时进入这个区域，6 月 15 日 6 时离开，另一尾编号为 55146 的雌性鳙于 6 月 11 日 20 时进入该区域，于 6 月 18 日 13 时离开。其次较常出现的还有编号为 34567 和 34558 的两尾鲢和编号为 34541 的鳙（图 3-10）。

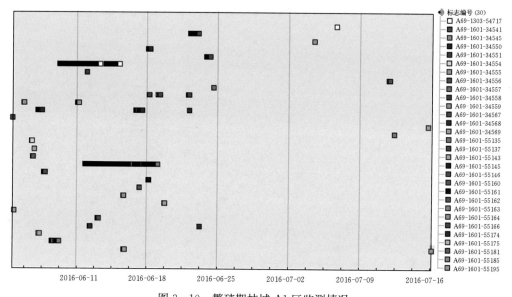

图 3-10　繁殖期枝城 A1 区监测情况

　　由宜都 C 区监测情况可以看出（图 3-11），繁殖期间标志鱼在该区域的分布时间比较均衡，其中编号为 34545、34559、34567、55135、55162、55164、55185、55195 的标志鱼经常出现在这个区域，依次对应为 1 尾草鱼、3 尾鲢和 4 尾鳙。

　　选取定位信号较多的标志鱼，青鱼 2 尾，草鱼 1 尾，鲢 5 尾，鳙 2 尾，共计 11 尾，统计其分布的江段及定位时间，见表 3-4。繁殖期内标志的四大家鱼亲本均在 3 个产卵场江段反复出现，并在繁殖期过后才离开产卵场。

　　为研究标志鱼洄游运动与长江径流量之间的关系，统计 6 月 8—12 日三峡枢纽生态调度期间四大家鱼的定位情况（表 3-5），长江宜都江段径流量情况见图 3-12。生态调度开始前流量稳定在 16 000 m³/s 左右，6 月 9—11 日长江径流量有一个显著的增大过程，最大达到 21 400 m³/s，生态调度结束后 6 月 12 日长江径流量又恢复至 16 000 m³/s。

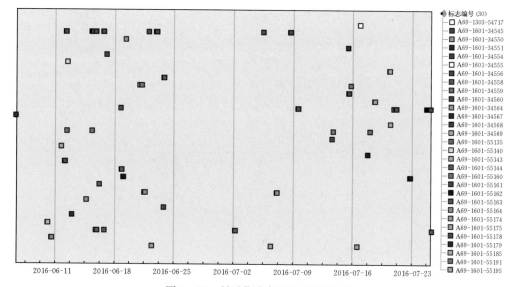

图 3-11 繁殖期宜都 C 区监测情况

表 3-4 标志鱼监测时间及其对应江段统计表

编号	种类	监测时间及对应江段							
34545	草鱼	6月10日 枝城	6月12—25日 宜都	7月4日 枝城	7月5—8日 宜都	7月9日 宜昌			
34550	鳙	6月17日 宜都	6月18日 枝城	6月19日 宜都					
34558	鲢	6月16—19日 枝城	6月20日 宜都	6月22日 枝城	6月23—24日 宜都				
34559	鲢	6月5—10日 枝城	6月21日 宜都	7月15日 枝城	7月15日 宜都	7月16日 宜昌	9月1—11日 宜昌	9月12日 宜都	
34567	鲢	6月6—17日 枝城	6月18日 宜都	6月22日 枝城	7月9日 宜都	7月10日 宜昌	7月20—25日 宜都	8月4—22日 宜昌	9月11—14日 宜都	9月15—18日 枝城
55135	鲢	6月12—19日 宜都	7月12日 枝城	7月13日 宜都	7月17日 宜昌	7月18日 宜都	7月19日 宜昌		
55140	鲢	7月11日 枝城	7月13日 宜都	7月15—16日 宜昌					
55174	青鱼	6月8—13日 枝城	6月14日 宜都	7月8日 宜昌	8月20日 宜都	8月22日 枝城			

27

（续）

编号	种类	监测时间及对应江段						
55185	鳙	6月8—9日 枝城	6月16日 宜都	7月2日 宜都	7月3—12日 宜昌	7月25日 宜都	7月26日 宜昌	8月11—12日 枝城
55191	青鱼	6月4日 枝城	6月10日 宜都	7月8日 宜昌	10月16日 宜昌	10月23日 石首		
55195	鳙	6月14—15日 枝城	6月22日 宜都	7月1日 宜昌	7月6日 宜都	7月16日 枝城	7月16日 宜都	

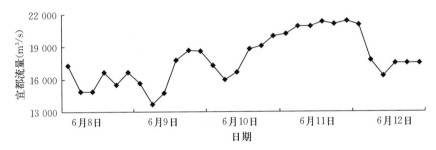

图 3-12　生态调度期间长江宜都江段流量

通过分析 6 月 8—12 日标志鱼的定位情况，在此期间共定位到标志鱼 11 尾，其中青鱼 2 尾、草鱼 2 尾、鲢 2 尾、鳙 5 尾。通过对比生态调度前后标志鱼定位的江段，发现共有 7 尾标志鱼往上游产卵场洄游，占 64%；有 3 尾标志鱼在原产卵场徘徊，占 21%；有 1 尾标志鱼往下游产卵场洄游，占 9%。

表 3-5　生态调度前后标志鱼的洄游运动状况

编号	种类	生态调度前	生态调动后	是否洄游	洄游方向
34545	草鱼	枝城江段	宜都江段	是	向上游洄游
34554	鳙	枝城江段	枝城江段	否	\
34555	鳙	枝城江段	宜都江段	是	向上游洄游
34559	鲢	枝城江段	宜都江段	是	向上游洄游
55143	鳙	枝城江段	宜都江段	是	向上游洄游
55146	鳙	枝城江段	枝城江段	否	\
55174	青鱼	枝城江段	枝城江段	否	\
55175	鲢	宜都江段	枝城江段	是	向下游洄游
55178	青鱼	枝城江段	宜都江段	是	向上游洄游
55179	草鱼	枝城江段	宜都江段	是	向上游洄游
55185	鳙	枝城江段	宜都江段	是	向上游洄游

3.4 超声波定位研究结论

3.4.1 四大家鱼溯河洄游特性

本书中放流地点位于监测江段下游 30 km 处，因此认为所监测到的 50 尾均具有溯河洄游特性，没有监测到的放流亲本主要有以下 4 个原因：（1）降河迁移。（2）标志鱼通过监测河道，但信号未被接收。在实际监测中，受限于河流环境及设备数量，无法对整个江段进行全面监测，标志鱼从这些区域通过时，就无数据记录。（3）由于发射器不是连续的发射信号，而是有一定的延迟时间，因此当标志鱼快速通过时，由于标志还未发射信号而无数据记录，此外其他船舶噪声及其水中其他杂质也可能对信号产生干扰作用。（4）标志脱落、标志鱼死亡、标志鱼被捕获等都将造成超声波信号不被监测。

3.4.2 四大家鱼繁殖期运动特性

根据标志鱼的监测时间及其对应的监测江段可以推测出，具有溯河洄游特性的放流亲本在繁殖期间始终在枝城—宜都—庙咀（坝下）3 个产卵场间进行反复洄游运动。造成这一现象的可能原因是，葛洲坝阻挡了其进一步向上游洄游的路线，因此放流亲本到达坝下庙咀江段后，会被迫进行一段降河运动。同时家鱼的洄游受长江径流量的影响，流量增大的过程有助于触发家鱼逆水而上的洄游运动。监测结果与目前对家鱼产卵的定性认识是一致的。结合四大家鱼早期资源监测可知，持续的流量增大过程往往伴随着产卵高峰，由此可推测家鱼产卵的一般模式为：达到性成熟个体遇到涨水条件进行溯河洄游，在此过程中遇到适宜的水文、水动力条件即开始产卵活动。过了繁殖期后，放流亲本在 8—9 月即开始降河运动，离开产卵场；10—11 月，在产卵场下游的枝江、荆州、公安、石首、调关等江段均监测到放流的四大家鱼。

3.4.3 四大家鱼在产卵场分布特性

四大家鱼在产卵场中不是随机分布或均匀分布，由于产卵场具有特殊的河道形态和水动力条件，在局部区间易形成"泡漩水"，是家鱼受精卵散播的最佳水流环境，繁殖亲本对这些区间存在偏好性，因此四大家鱼亲本在产卵场中的分布具有选择性，那些水力特性适宜的区域往往是家鱼出现最频繁的地方。位于枝城产卵场上游的 A1 区间和位于宜都产卵场中部的 C1、C2 区间在繁殖期内总共定位 37 尾标志鱼，总共累积定位 4 063 次，占繁殖期间总定位数量的 88.67%，因此可认为这 3

个区间是产卵场核心的产卵区。

本章利用超声波定位的产卵场范围位于四大家鱼早期资源监测推算结果范围内，并且监测到了四大家鱼洄游运动，两者互为证明，证实了产卵场存在，并细化了产卵场范围，为后续的产卵场地形及水动力特征分析提供了重要边界基础。

Chapter 4 第四章
四大家鱼产卵场地形特征

4.1 概述

　　由于家鱼产卵对水流条件的需要，四大家鱼产卵场多位于弯道、沙洲、矶头等江段，在涨水期间，水流蜿蜒翻滚、时缓时急，常形成"泡漩水"，是四大家鱼产卵、受精和播卵的最佳水流环境。现有研究表明，持续涨水这一宏观层面上的水文过程可以刺激家鱼产卵，但在同一水文过程下并非所有江段都是产卵场，产卵场在地形上必然存在特殊性。在第二章和第三章研究基础上，本章利用走航式声学多普勒流速剖面仪对长江中游宜昌（宜都）、枝城和城陵矶四大家鱼产卵场进行实地测量，分析产卵场地形指标因子，建立产卵场地形指标体系，通过系统对比产卵场与非产卵场、产卵场现状与三峡大坝运行前（2002 年）地形指标差异，筛选产卵场关键的地形特征指标，也为进一步研究产卵场水动力特征提供重要边界。

4.2 地形测量及分析方法

4.2.1 地形数据采集

　　由走航式声学多普勒流速剖面仪（ADCP）（图 4-1）、华测 T5 GNSS 型 GPS 定位系统，以及海洋测量导航软件 HYDROpro Navigation、ADCP 测量软件 WinRiver 等辅助软件组成的测量系统，实现了四大家鱼产卵场地形与流场同步监测。

图 4-1　走航式声学多普勒流速剖面仪（ADCP）

4.2.2 地形指标

4.2.2.1 产卵场地形坡度

地表上某点的坡度 S 是地形曲面函数 $z = f(x, y)$ 在东西、南北方向上偏导数函数，坡度表示了地表的倾斜程度。其计算公式为：

$$S = arctn \sqrt{f_x^2 + f_y^2} \times 180/\pi$$

式中，f_x 是南北方向偏导数，f_y 是东西反向偏导数。

4.2.2.2 产卵场地形坡向

地表上某点的坡度 S 是地形曲面函数 $z = f(x, y)$ 在东西、南北方向上偏导数函数，坡度表示了地表的倾斜程度。其计算公式为：

$$A = 270° + arctn(f_y/f_x) - 90° f_x/|f_x|$$

式中，f_x 是南北方向偏导数，f_y 是东西反向偏导数。

4.2.2.3 产卵场地形起伏度

地形起伏度（Relief Amplitude）指某指定一范围内最高点与最低点的高程差，其计算公式如下：

$$RAi = Z_{imax} - Z_{imin}$$

式中，RAi 为指定区域的地形起伏度；Z_{imax} 为指定区域最大高程值；Z_{imin} 为指定区域最小高程值。本研究中统计单元大小设置为 $3\,m \times 3\,m$。

4.2.2.4 产卵场地形高程变异系数

高程变异系数（Variance Coefficient in Elevation）可以表征地表在一定距离范围内，高程的相对变化。表达式为该区域高程标准差与平均值的比值。

$$VCE_i = S_i/\bar{Z}_i$$

式中，VCE_i 为统计区域地形的高程变异系数；S_i 为统计区域内高程标准差；$\bar{Z}_i$ 为统计区域高程平均值。本项目中统计单元大小设置为 $3\,m \times 3\,m$。

4.2.3 地形数据分析

各产卵场的实测断面如图 4-2 所示，测量的原始数据在 ADCP 辅助测量软件 WinRiver 以 ASCII 码文件导出，基于 VB. NET 语言，通过自行编写的程序代码，读取每个测量断面、各个砰单元的流速矢量、水深、GPS 坐标等数据，并应用 Tecplot 软件绘制相应三维地形图。使用 Arcmap 10.2 构建河床 TIN 和 DEM，再分析产卵场坡度、坡向、起伏度、高程变异系数等数据。

4.2.3.1 宜都产卵场地形高程

宜都实测产卵场是一段顺直型河道，河道宽度宽窄交替，河道中上部和中下部

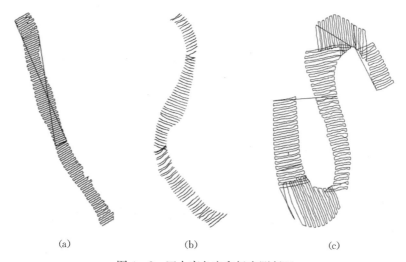

（a）　　　　　　　　　（b）　　　　　　　　　（c）

图 4-2　四大家鱼产卵场实测断面

（a）宜都产卵场　（b）枝城产卵场　（c）城陵矶产卵场

也有两个深潭，使得江段主流方向也呈现出"S"流向，由上游右岸偏向左岸再偏向右岸。产卵场 B2 区和 D2 区（图 4-3）底部地形较为粗糙，主要是由于大面积采砂船抛弃的堆石所致，右岸河底平顺区为天然沙质河底。

4.2.3.2　枝城产卵场地形

枝城实测产卵场地形通过 Tecplot 处理后如图 4-4 所示。枝城江段河道呈"S"

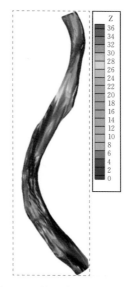

图 4-3　宜都产卵场地形高程　　　图 4-4　枝城产卵场地形高程

形弯道，在第一个弯道处的河道宽度有一个由宽变窄再变宽的过程，呈束缚状。在河道中段左岸地形较为平顺，中下段河底地形较为粗糙。另一方面，河道的上部左岸和中部右岸各有一个深潭，从整体上看，枝城江段河道深槽随着河道走势从上游左岸偏至中下游右部，也呈现"S"形，江段的主流方向从左岸偏向右岸。在产卵场中部和底部为浅滩，在冬季流量小的情况下可观察到部分石块高出水面。

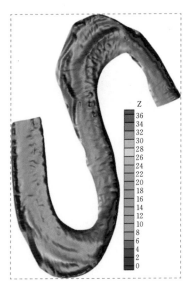

图4-5　城陵矶产卵场地形高程

4.2.3.3　城陵矶产卵场地形

实测的城陵矶产卵场是典型的弯曲型河道（图4-5），在两个转弯处河道宽度都显著减小，主流方向从上游左岸经过第一个弯道后偏向右岸，再经过第二个弯道后偏向左岸。在两个弯道出口的主流区域都分布有一个深潭。

4.2.3.4　产卵场地形坡度

3个产卵场坡度变化范围都在$0°\sim82°$（图4-6），其中宜都产卵场上游左岸处坡度较大，整体上左岸坡度比右岸小；枝城产卵场在两处深潭附近的地形坡度较大，位于两深潭间的江段地形平滑；城陵矶产卵场沿着主流方向的坡度较大。

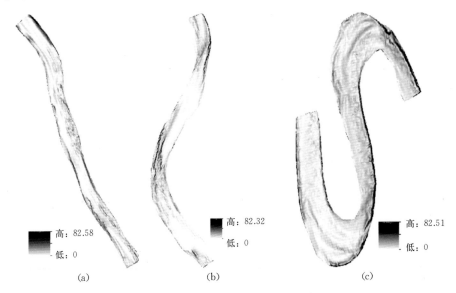

高：82.58　　　　　　　高：82.32　　　　　　　高：82.51
低：0　　　　　　　　低：0　　　　　　　　低：0

（a）　　　　　　　　　（b）　　　　　　　　　（c）

图4-6　四大家鱼产卵场地形坡度

（a）宜都产卵场　（b）枝城产卵场　（c）城陵矶产卵场

4.2.3.5 产卵场地形坡向

坡向是坡度所面对的方向，坡向是按逆时针方向进行测量，其角度介于0°（正北方向）到360°（仍是正北，循环一周）之间。平坡没有方向，平坡的值被指定为－1。坡度较大的地方坡向变化都比较复杂（图4-7）。

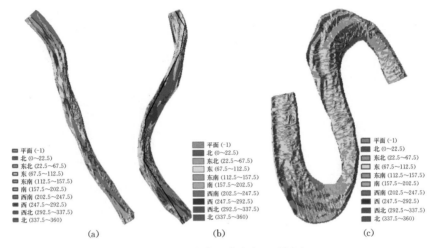

图4-7 四大家鱼产卵场地形坡向

（a）宜都产卵场 （b）枝城产卵场 （c）城陵矶产卵场

4.2.3.6 产卵场地形起伏度

地形起伏度是划分地貌内型的重要指标，定量描述地貌形态，在一定程度上反映地貌的发育阶段（图4-8）。

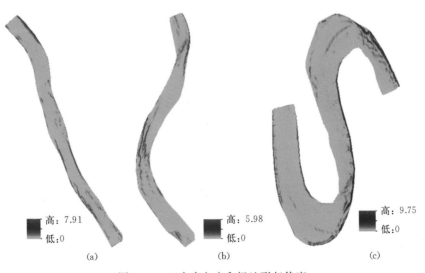

图4-8 四大家鱼产卵场地形起伏度

（a）宜都产卵场 （b）枝城产卵场 （c）城陵矶产卵场

4.2.3.7　产卵场地形高程变异系数

高程变异系数可以反映一定距离内河床高程的突然变化以及河床高程分布的离散程度（图4-9）。

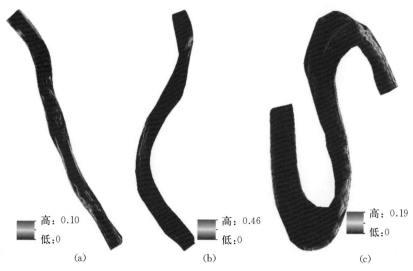

高：0.10
低：0

高：0.46
低：0

高：0.19
低：0

(a)　　　　　　　　(b)　　　　　　　　(c)

图4-9　四大家鱼产卵场地形高程变异系数

（a）宜都产卵场　（b）枝城产卵场　（c）城陵矶产卵场

4.3　产卵场地形因子分析结果

对产卵场地形空间分析结果表明（表4-1），城陵矶产卵场的平均坡度、起伏度、高程变异系数均最大，枝城产卵场次之，宜都产卵场最小。从整体上看，城陵矶产卵场地形的复杂度最高，其原因可能与其特殊的形态结构有关，在弯道处，水位的分布由凹岸到凸岸逐渐降低，凸岸处易产生淤积，水流对凹岸的冲刷下切使其对河段的形态和地形均造成一定程度的改变。因此弯道处这些地形因子指标大都处于较高水平。从河道主槽纵向高程变化来看，枝城和城陵矶产卵场的纵向起伏度大，宜都产卵场纵向高程变化相对平稳（图4-10至图4-12）。

表4-1　产卵场地形因子空间分析结果

江段	高程 $\overline{X}\pm SD$（m）	坡度 $\overline{X}\pm SD$（°）	CV	坡向 $\overline{X}\pm SD$（°）	CV	起伏度 $\overline{X}\pm SD$（10^{-2} m）	高程度异系数 $\overline{X}\pm SD$（10^{-4}）
宜都	28.58±4.46	1.91±2.78	145.54	166.69±95.84	57.49	3.44±77.96	3.25±7.13
枝城	24.84±6.56	2.05±3.21	156.58	200.6±102.98	51.33	3.8±7.64	4.43±21.86
城陵矶	16.16±6.34	2.71±3.87	142.80	150.16±99.73	66.41	4.66±9.97	7.18±18.97

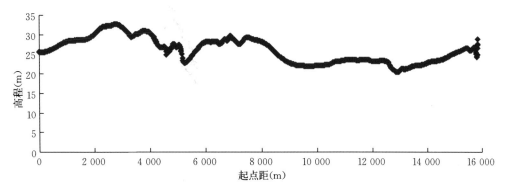

图 4-10　宜都产卵场河道纵断面剖面高程变化

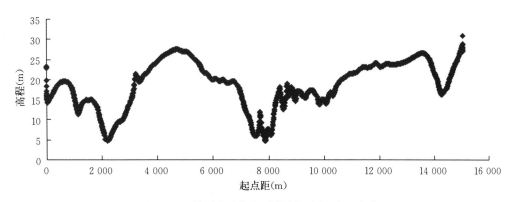

图 4-11　枝城产卵场河道纵断面剖面高程变化

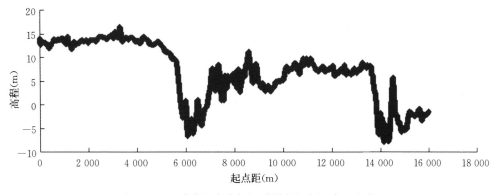

图 4-12　城陵矶产卵场河道纵断面剖面高程变化

4.3.1　产卵场地形基本特征

宜昌至枝城河段长约 61 km，为顺直微弯型河道，流经低山丘陵地带，是长江由山区性河流向冲积平原河流过渡的河道。三峡大坝运行以后，随着上游来沙减少和三峡水库蓄水拦沙影响，坝下河道将发生长距离的沿程冲刷。虽然宜昌至枝城河段两岸为低山丘陵，河床为卵石夹沙组成，稳定性较强，但根据长江科学院河流研究所 2006 年利用水库下游一维泥沙数学模型的计算结果，宜昌至枝城河段河床平均冲刷深度可达 1.0 m。宜都产卵场在三峡大坝运行前后的变化主要有：河岸两边有不同程度的崩塌；弯道处凹岸和下游河道冲刷下切；河床形态由平坦趋于复杂等。

产卵场地形是产卵场流场特性的重要边界条件，水流作用导致河床发生变形，而变形后的河床又将反作用于水流，改变水流流态，因此河床形态与水流流态是相互作用、相互制约的。测量产卵场地形，获取产卵场精确地形特征，也是研究产卵场水动力模型的关键条件之一。3 个产卵场中城陵矶产卵场平均坡度最大，为 2.71°，枝城产卵场次之，为 2.05°，宜都产卵场最小，平均为 1.91°。研究认为地形的坡度与河道形态存在相关性，根据产卵场坡度分布可以看出，弯道处的坡度数值较大，枝城和城陵矶产卵场两个弯道处的地形高程比较低，这是由水流对弯道凹岸及出口处的冲刷下切造成的，而在顺直河道的主流方向上，地形坡度变化较小。宜都产卵场中部坡度较大区域主要由大面积采砂船抛弃的堆石所致。从总体上看，各项地形指标水平较高的分布区间都在弯道处附近，这可能是家鱼选择弯道处产卵的主要原因。顺直型河道的宜都产卵场地形指标值相对较低，弯曲型河道的城陵矶产卵场地形指标值最高。但由于宜都产卵场中存在两个深潭，导致其实际的水流流向也呈现出"S"形弯曲，同时江段中部的乱石堆也为复杂的流场提供了地形条件。

4.3.2 产卵场地形对四大家鱼繁殖活动的影响

对于四大家鱼而言，产卵场环境及水文条件是其繁殖活动的重要影响因素。在自然河道中，都存在涨水过程，然而并不是所有江段都有产卵场分布，目前对四大家鱼产卵场的描述是"产卵场通常位于两岸地形变化较大的江段，表现为江面陡然紧缩、江心有沙洲或矶头伸入江中、河道弯曲多变的江段，这些江段流场复杂，易形成泡漩水，是家鱼卵受精播散的最佳水流环境"。因此家鱼对产卵场地理位置是有选择性的，家鱼通常选择水流紊乱的局部区域完成产卵活动，根据四大家鱼在繁殖期间的定位结果，繁殖期间四大家鱼主要分布在枝城产卵场第一个弯道处的附近以及宜都产卵场中部位置，这两个位置均处于江面变窄、具有深潭浅滩处，且具有一定的坡度和起伏度。本书通过建立地形指标体系，进一步深入研究产卵场关键地形特征。

4.4 四大家鱼产卵场地形演变研究

4.4.1 地形指标体系构建

结合四大家鱼繁殖的刺激机理，研究中选取了基本状态指标以及能反映地形的沿程变化和地形随流量变化而变化的指标。按照指标代表的物理意义分为状态量、变化量和空间特征量，见表 4-2。

表 4-2 地形指标体系

要素层	指标层	计算公式	物理意义	生态学意义
状态量	河宽 B	—	某流量下断面的水面宽度、过水面积和水力半径	—
	断面面积 A	—		
	水力半径 R	—		
	湿周 χ	$\chi = \dfrac{A}{R}$	某流量下，过流断面流体与固体边壁接触的长度。湿周越大，水流阻力及水头损失也越大	水流阻力影响鱼类运动和能量的消耗
	断面复杂系数 σ	$\sigma = \dfrac{\chi}{B}$	表征断面复杂程度	断面复杂程度代表了河流生物栖息地多样性，断面复杂程度越高，栖息地多样性越强
变化量	沿程变化量	δB_L、δA_L、δR_L、$\delta \chi_L$、$\delta \sigma_L$	$\delta B_L = \dfrac{B_{i+1} - B_i}{B_i}$ δA_L、δR_L、$\delta \chi_L$、$\delta \sigma_L$ 同理	反映相邻断面突变的情况	在突变河段，水流特征较复杂，对刺激产卵、卵的受精和漂流有利
	受流量影响的变化率	δB_Q、δA_Q、δR_Q、$\delta \chi_Q$、$\delta \sigma_Q$	$\delta B_{Q_i} = \dfrac{B_{Q_{i+1}} - B_{Q_i}}{B_{Q_i}}$ δA_Q、δR_Q、$\delta \chi_Q$、$\delta \sigma_Q$ 同理	反映不同流量下断面特征的变化	涨水条件是刺激家鱼产卵的重要原因，涨水即为流量的变化，因此研究不同流量下指标的变化
空间特征量	深潭浅滩密度	$\rho = \dfrac{N}{L}$		从不同方面表现地貌单元的复杂结构
	高程变异系数	$VCE_i = S_i / \bar{Z}_i$	地形复杂程度	
	粗糙度	$R = \dfrac{S_{i曲}}{S_{i平}}$	单元粗糙程度	
	起伏度	$RA_i = Z_{i\max} - Z_{i\min}$	单元内最高点与最低点之差	

4.4.1.1 状态量

河宽（B）、断面面积（A）、湿周（χ）、水力半径$\left(R=\dfrac{A}{\chi}\right)$及断面复杂系数$\left(\sigma=\dfrac{\chi}{B}\right)$是描述河流基本特征的状态量。河宽、断面面积、水力半径代表某流量下某断面下的水面宽度、过水断面面积和水力半径，是河道地形的基本指标。湿周是某流量下过流断面流体与固体边壁接触的长度。湿周越大，水流阻力及水头损失也越大，而水流阻力影响着鱼类运动和能量的消耗。断面复杂系数指断面湿周与河宽的比，为无量纲的量，可以表征断面的复杂程度。

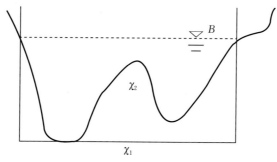

图 4 - 13　断面复杂程度示意

图 4 - 13 为断面复杂系数示意图。可以看出，断面形状越复杂，断面复杂系数越大。断面的复杂程度代表了河流生物栖息地多样性的一个方面，断面复杂程度越高，栖息地多样性越强。

4.4.1.2 变化量

（1）沿程变化量

地形地貌沿程的变化可以反映河流的缩扩情况，引起水流突急突缓、平顺或紊乱。在突变河段，水流特征较复杂，对刺激产卵、卵的受精和漂流有利。

将基本状态量的沿程变化规律用以下指标说明：河宽沿程变化率（δB_L）、断面面积沿程变化率、湿周沿程变化率（$\delta \chi_L$）、水力半径沿程变化率（δR_L）和断面复杂系数沿程变化率（$\delta \sigma_L$）。

其中河宽沿程变化率的公式为：

$$\delta B_L = \frac{B_{i+1} - B_i}{B_i}$$

式中，B_{i+1}、B_i 代表相邻断面的河宽（m），i 为断面序号。指标随断面改变而改变。同理可知断面面积沿程变化率（δA_i）、湿周沿程变化率（$\delta \chi_L$）、水力半径沿程变化率（δR_L）和断面复杂系数沿程变化率（$\delta \sigma_L$）的公式。

（2）受流量影响变化率

涨水条件是刺激家鱼产卵的重要原因，涨水即为流量的变化，因此提出了地形受流量变化影响的指标。和基本状态指标（如河宽）随流量变化（速度概念）不同的是，这些指标反映了基本状态指标受流量的变化而变化的情况，是加速度的概念。

将基本状态量受流量变化影响的规律用以下指标说明：河宽受流量影响变化率（δB_Q）、断面面积受流量影响变化率（δA_Q）、湿周受流量影响变化率（$\delta \chi_Q$）、水力半径受流量影响变化率（δR_Q）和复杂系数受流量影响变化率（$\delta \sigma_Q$）。河宽受流量影响变化率（δB_Q）的表达式为：

$$\delta B_{Q_i} = \frac{B_{Q_{i+1}} - B_{Q_i}}{B_{Q_i}}$$

式中，B_{Q_i} 代表 Q_i 流量下某断面的水面宽度（m）；i 为序号。同理可知断面面积受流量影响变化率（δA_Q）、湿周受流量影响变化率（$\delta \chi_Q$）、水力半径受流量影响变化率（δR_Q）和复杂系数受流量影响变化率（$\delta \sigma_Q$）的表达式。

4.4.1.3 空间特征量

（1）深潭浅滩分布

深潭浅滩的密度是指单位江段内深潭浅滩的个数，表达式如下：

$$\rho = \frac{N}{L}$$

式中，N 为总的深潭浅滩个数（包括深潭个数与浅滩个数），L 为计算河段长度（m）。

（2）粗糙度

地表粗糙度（Roughness）一般定义为地表单元的曲面面积与其在水平面上的投影面积之比。

$$R = \frac{S_{i曲}}{S_{i平}}$$

式中，$S_{i曲}$、$S_{i平}$ 分别为统计单元的曲面面积和水平投影的平面面积。粗糙度可以表征河床的粗糙程度，或者凹凸变化程度。

（3）起伏度

地形起伏度（Relief Amplitude）指某一确定距离范围内最高与最低点的高差。

4.4.2 宜都产卵场与非产卵场地形指标差异

宜都产卵场与非产卵场地形指标比较包括数值特征比较与分布特征比较。数值特征比较中平均型指标采用平均值，离散型指标采用标准差系数，计算宜都产卵场和非产卵场在不同流量下的地形指标。分布特征研究利用秩和检验的方法对地形指标进行分析对比。研究采用的数据有宜都产卵场在三峡大坝运行前 2002 年荆江水文局提供的实测地形资料、三峡大坝运行后 2012 年及本研究用 ADCP 实测的地形资料。

4.4.2.1 指标数值特征——平均值

宜都产卵场和非产卵场地形指标在不同流量下的均值分布规律见图 4 - 14。

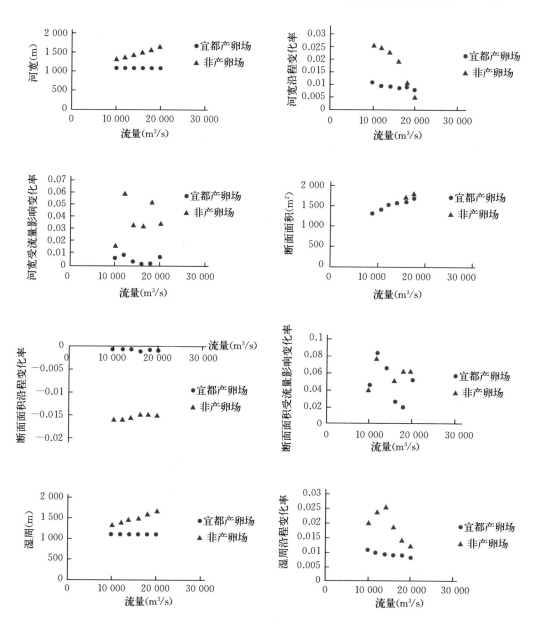

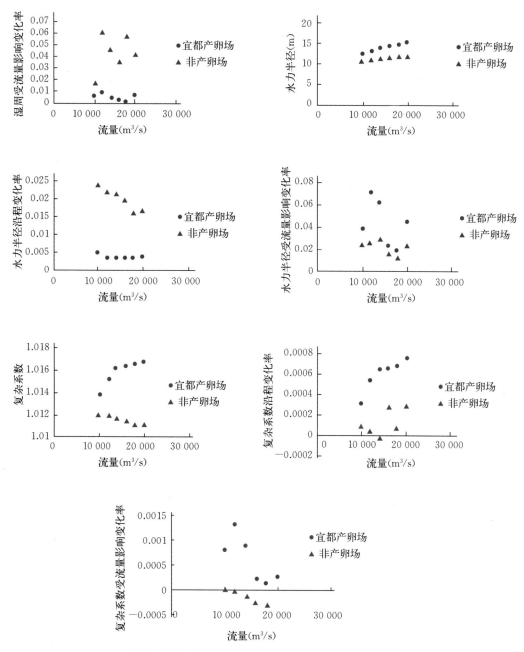

图 4 - 14 宜都产卵场与非产卵场地形指标均值分布

统计宜都产卵场与非产卵场所有指标的特征及两者的异同，将结果汇总在表 4 - 3。

表 4-3 宜都产卵场和非产卵场地形指标的均值特征

指标层/均值		宜都产卵场	非产卵场
河宽	河宽	变化较小，1 080 m	不稳定，且明显大于宜都产卵场
	沿程变化率	0.08	
	流量影响变化率	0，基本不受影响	
断面面积	断面面积	基本相同，随流量变化在 15 000 m² 左右	
	沿程变化率	基本不变，0 沿程变小，−0.015	
	流量影响变化率	受流量变化的影响均明显	
湿周	湿周	变化较小，1 100 m	不稳定，且明显大于宜都产卵场
	沿程变化率	0.01	
	流量影响变化率	基本不变	
水力半径	水力半径	13 m 左右	11 m 左右
	沿程变化率	0.004	0.02
	流量影响变化率	变化不稳定，且大于非产卵场	影响稳定，0.02
复杂系数	复杂系数	随流量增加而增加，平均 1.016	随流量增加而减小，平均 1.011
	沿程变化率	随流量增加而增加	不稳定，且较小
	流量影响变化率	大于非产卵场	较小

从图 4-14 指标均值的分布和表 4-3 的统计对比结果可以看出，在取值大小上，宜都产卵场是比较顺直的河段，河宽、断面面积和湿周，其沿程变化和受流量影响变化率都小于非产卵场，而宜都产卵场断面复杂系数的均值及其沿程变化和受流量影响变化率大于非产卵场。在变化趋势上，宜都产卵场与非产卵场地形指标平均值差异较大的是断面复杂系数，宜都产卵场断面复杂系数及其沿程变化率随流量增加而增加，断面复杂系数平均为 1.016；与之相反的是，非产卵场断面复杂系数及其沿程变化率随流量增加而减小，断面复杂系数平均为 1.011。以上结果表明，宜都产卵场河床地形复杂程度高于非产卵场。

4.4.2.2 指标数值特征——离散变异性

计算宜都产卵场和非产卵场地形指标的标准差系数，结果见图 4-15。

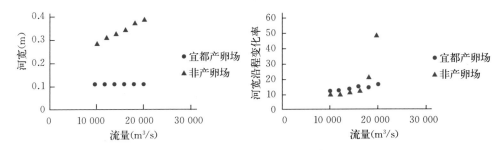

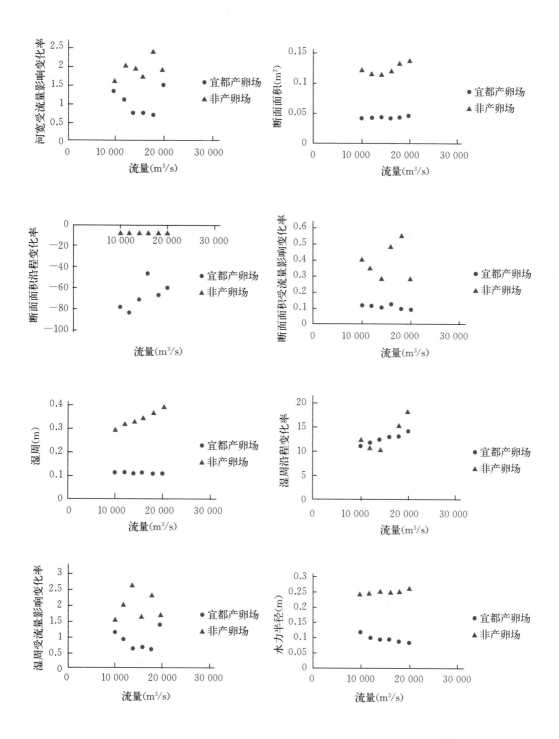

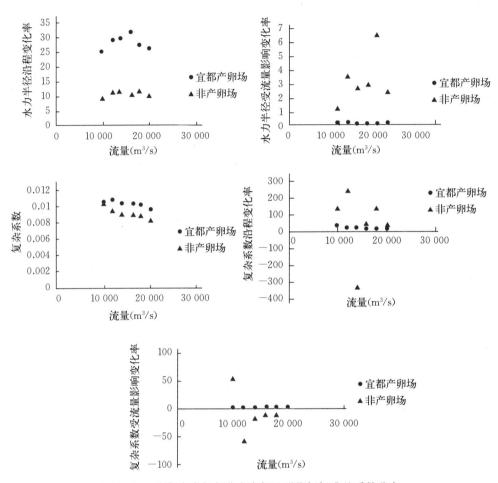

图 4-15 宜都产卵场与非产卵场地形指标标准差系数分布

统计各指标的标准差系数，见表 4-4。

表 4-4 宜都产卵场与非产卵场各地形指标标准差系数取值情况统计

指标/标准差系数		宜都产卵场	非产卵场
河宽	河宽	0.105	0.334
	沿程变化率	**13.322**	**18.585**
	流量影响变化率	1.017	1.932
断面面积	断面面积	0.043	0.123
	沿程变化率	**−67.985**	**−8.717**
	流量影响变化率	0.108	0.393

（续）

指标/标准差系数		宜都产卵场	非产卵场
	湿周	0.105	0.332
湿周	沿程变化率	**12.528**	**13.200**
	流量影响变化率	0.879	1.969
	水力半径	0.093	0.252
水力半径	沿程变化率	**28.276**	**10.754**
	流量影响变化率	0.169	3.225
	复杂系数	0.010	0.009
复杂系数	沿程变化率	**19.393**	**41.340**
	流量影响变化率	1.306	−10.413

由于标准差系数不存在一个闭区间的取值范围，所以不能根据其值的大小判断指标的离散性程度。研究根据对比的办法，判断地形指标在宜都产卵场与非产卵场的离散性程度的不同。

结果发现，无论对于宜都产卵场还是非产卵场，沿程变化指标的离散性相对其他指标较大，说明宜都产卵场和非产卵场地形的沿程变化都比较散乱；而宜都产卵场断面面积沿程变化率在所有指标中离散性最大，为−67.985，明显高于非产卵场的−8.717。断面面积变化率代表了断面面积的多样性和不均匀程度，因此宜都产卵场河段断面面积沿程多变，断面不均匀、多样性高，利于形成复杂的水流环境。

综合以上对指标数值特征（均值和离散性）的统计结果表明，宜都产卵场的断面复杂系数、复杂系数沿程变化率和断面面积沿程变化率相对于非产卵场有明显的差异性。

4.4.3 宜都产卵场地形变化

4.4.3.1 深潭浅滩密度

局部高程差异法的数据基础是河床深泓线的河底高程，且要求深泓线是由按河流流向排列的等间距断面上的最深点连接而成。局部高程差异法的主要步骤如下：

首先，从上游至下游逐个计算深泓线相邻两点的高程差 B1～B2、B2～B3、B3～B4……，并计算其标准差 SD。将相邻两点高程差符号相同的点归为一个序列（series），计算每个序列内点高程差的和，并记为 Ei（图 4 - 16）；对 Ei 进行累加，即逐个求出 $\sum Ei$。

其次，确定判断深潭浅滩的高差范围最小值 T（tolerance）。T 值的含义是判断深潭浅滩的高差范围最小值，若 $\left|\sum Ei\right| \geqslant T$，那么第 i 个系列内最后一个点作

为绝对极大值或绝对极小值（根据 $\sum Ei$ 的符号），也分别作为深潭、浅滩的分界点，如图 4-16 中 $E_1+E_2+E_3>T$，因此系列 3 的最后一个点 B9 就可判定为深潭点；若 $\left|\sum Ei\right|<T$，需要继续累加，直至超过判定限度值 T 为止（图 4-16），同样，图 4-16 中 $E_1<T$，$E_1+E_2<T$，因此，B3 点和 B6 点就不能作为深潭浅滩点，直至加到 E_3，才能判定。

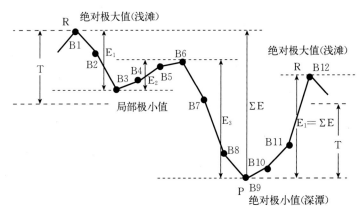

图 4-16　河床纵剖面深潭浅滩判断示意

判定限度值 T 的选取非常重要。通常，T 值是与相邻两点的高程标准差有相关性的，即 T＝k·SD，一般取 T＝0.5～2.2SD。在具体选择时，采用试算的方法，取不同的 k 值，将计算结果与真实情况对比，最终确定 T 的取值。根据识别方法可知，深潭浅滩不随流量的改变而改变。

研究中计算统计了 2002 年长江中下游（宜昌—城陵矶）以及现在宜都产卵场江段在不同 k 值下深潭浅滩的个数和密度，见表 4-5。其中，2002 年高程标准差 SD＝3.22，现在 SD＝2.08。图 4-17 是 2002 年长江中下游不同 k 值下识别出的深潭浅滩的位置。图 4-18 是现在宜都产卵场不同 k 值下深潭浅滩分布图。

表 4-5　不同 k 值时深潭浅滩的分布情况

江段	长度 (km)	$k=0.5$		$k=1.0$		$k=1.5$	
		深潭浅滩数（个）	密度（个/km）	深潭浅滩数（个）	密度（个/km）	深潭浅滩数（个）	密度（个/km）
2002 年宜都产卵场	12	6	**0.50**	2	0.17	0	0
现在宜都产卵场	12	8	**0.67**	4	0.33	3	0.25
2002 年非产卵场	104	49	**0.47**	28	0.27	11	0.11

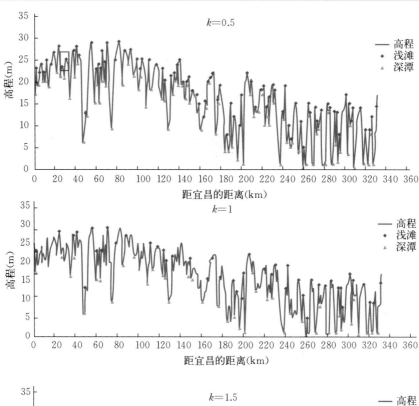

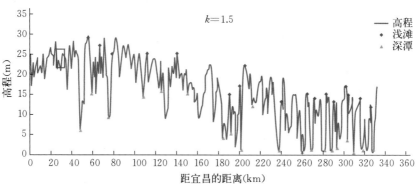

图 4-17 长江中下游不同 k 值下深潭浅滩的识别结果

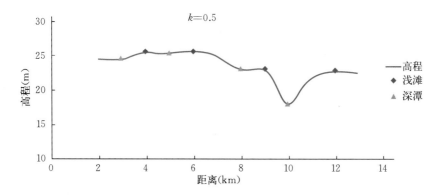

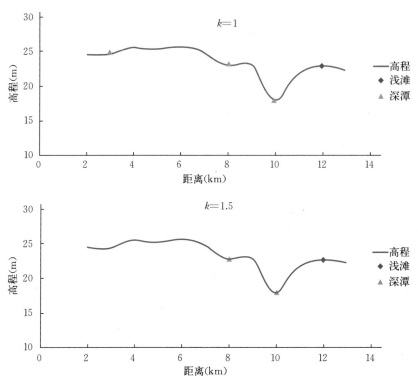

图 4-18　现在宜都产卵场在不同 k 值下深潭浅滩的分布

以典型产卵场——宜都产卵场 2002 年的实测地形 GIS 插值后结果判断 k 值的合理取值（图 4-19）。k＝1.0 和 k＝1.5 时，宜都产卵场下游附近江段（图中方框内）未识别出浅滩，k＝0.5 时，在宜都产卵场的上游和下游分别识别有深潭浅滩的交替，和实测地形相符。因此本研究选择 k＝0.5。

可见，k＝0.5 时，宜都产卵场如今深潭浅滩的密度为 0.67，比 2002 年的 0.50 有明显的增加，且明显大于非产卵场的 0.47。说明宜都产卵场江段有更多深潭浅滩的分布，水流复杂多变，这可能是此江段是家鱼比较稳定产卵场的原因。

4.4.3.2　断面形态变化

选择 2002 年实测的 25 个代表性较好的测量断面进行分析，见图 4-20。利用 ArcCatalog9.3 从

图 4-19　2002 年宜都产卵场地形图

2002年CAD地形图中提取与项目实测相对应的断面,并将两者进行对比,分析四大家鱼产卵场在不同断面地形的变化情况,探讨其对四大家鱼自然繁殖的可能影响。

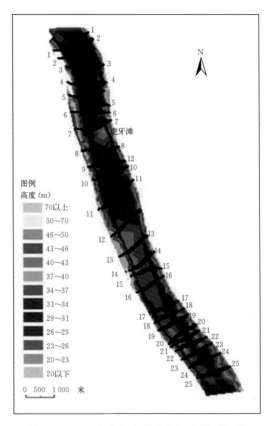

图4-20 四大家鱼宜都产卵场及附近江段

对25个断面河床高程进行逐一对比分析,根据断面形状变化特点,最终选取10个代表断面进行分析说明,结果见图4-21和表4-6。

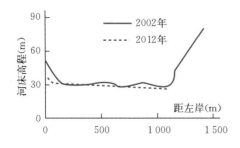
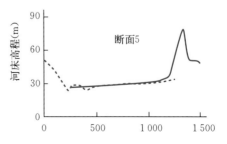

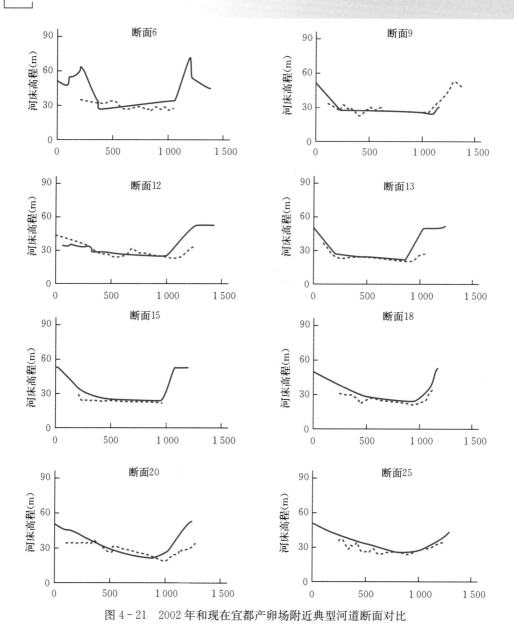

图 4-21　2002 年和现在宜都产卵场附近典型河道断面对比

表 4-6　宜都产卵场附近江段不同断面地形变化

断面标号	代表断面	左岸	中间段	右岸
1~3	2	岸边有近 10 m 的崩塌	局部略有淤积	有崩塌
4~5	5	变化不明显	变化不明显	变化不明显
6~7	6	岸边有 9~15 m 的河岸崩塌	河床左淤右冲	下切约 3 m，形成新深槽

（续）

断面 标号	代表 断面	左岸	中间段	右岸
8～11	9	平均 2 m 左右的冲刷	局部有新深槽形成	平均 3 m 左右的冲刷
12	12	平均下切约 5 m	局部淤积，形成新的深槽	超过 10 m 的河岸崩塌
13～14	13	略有冲刷	变化不明显	岸边坍塌
15～16	15	下切 2 m 左右	下切 2 m 左右	下切 2 m 左右
17～18	18	约 6 m 的冲刷，形成新深槽	下切 1～2 m	形成新深槽
19～24	20	有 5～10 m 的河岸崩塌	2 m 左右的淤积	有 12 m 左右的下切
25	25	冲刷明显，平均 7 m 左右	略有下切	略有下切

三峡工程自 2003 年蓄水运行以来，出库水流含沙量较天然情况显著降低，清水下泄将使长江中下游江段在较大时间尺度和空间尺度上发生冲刷。研究中宜都产卵场江段，属于长江中游靠近三峡工程的江段，处于明显冲刷的范围内，根据以上对比结果，三峡工程运行近 10 年后的现在，该江段地形较三峡工程运行前的 2002 年有如下变化：

① 河岸两边均有明显不同程度的崩塌，尤其在弯道处更为显著；

② 凹岸冲刷下切，最低有 1 m，最大有 10 余米，凸岸并没有明显的淤积；

③ 该江段上游主河槽地形变化不明显，只有局部淤积和新深槽形成，但下游河道冲刷明显，河道下切显著；

④ 河床形态由较平坦趋于复杂；

⑤ 河床整体展宽，实际过水面积增加。

左右两岸发生深达十几米的冲刷，可能是岸边崩塌引起的。而河床中部发生局部淤积有可能是岸边崩塌体向河中移动的作用，也可能是形成了流速较小的区域。在较顺直的河段，河床比较平坦，流速分布较均匀，故河床冲刷并不明显，表现为不冲不淤。

在河道突然变窄的断面，相比上游宽浅断面，流速变大，可以刺激家鱼产卵，这样的地方容易形成产卵场。但是突然变窄的断面，在水流作用下河床形态会发生明显变化，左右岸下切严重，有新的深槽形成，整体河床变宽，过水面积增加，流速减小，这是不利于刺激家鱼产卵和卵的漂流。所以经过冲刷，对家鱼有利的断面条件可能会丧失，使产卵场消失。但是相比 2002 年河床由平坦变得较复杂（尤其是在断面 17 的下游段）可能会形成比较紊乱的流态，当下泄水流受到复杂地形的阻挡时，可能形成"泡漩水"面，产出后的鱼卵就可随流场上下翻腾。这是鱼卵在吸水膨胀过程中最为适宜的环境条件，所以家鱼产卵场有可能会向下游发展。

4.4.3.3 产卵场河床地形地貌变化

为了在同一尺度上对比宜都产卵场在 2002 年和现在地形的变化，利用 GIS 软件对数据进行了插值处理，从整体上分析了宜都产卵场地形的变化。

从宜都产卵场 2002 年和现在的地形对比（图 4-22）可以看出，主要有 4 个部分发生了明显变化：在上游部分 1♯ 出现两条长的隆起，水流通过的河道变窄，流速增大，导致对下游的冲刷，同时形成了看似顺直型但 "S" 形的河道；部分 2♯ 左岸的矶头被完全冲刷掉，由于突遇深潭，右岸流速减小，淤积形成了新的矶头；3♯ 部分左岸河床明显变得粗糙，根据实际行船和现场勘察发现，左岸河底粗糙区为大面积采砂船抛弃的堆石，右岸河底平顺区为天然沙质河底；4♯ 部分河段河床深槽深度加大，距离加长且有新的深槽形成，左右岸崩塌明显；全段左岸高程下降，与断面形态分析左岸岸边崩塌和下切的结果一致。

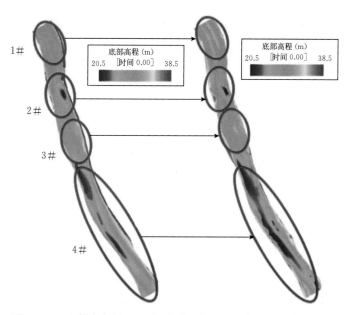

图 4-22　宜都产卵场 2002 年地形（左）和现在地形（右）对比

从 2002 年和现在宜都产卵场地形的粗糙度、起伏度和高程变异系数的变化图（图 4-23 至图 4-25）可以看出：现在产卵场 1♯、3♯ 和 4♯ 河段分别由于隆起、乱石堆积、深槽的原因，3 个指标值较 2002 年都有所增大，为家鱼产卵复杂流场的形成提供了地形条件；同时左岸由于清水下泄或者人为采砂等原因冲刷崩塌严重，矶头消失，粗糙度、起伏度及高程变异系数降低，岸边地形变得较顺坦。整体上，现在宜都产卵场地形的粗糙度、起伏度和高程变异系数都有明显的增大，产卵场地形更加复杂多变，这也可能是此河段一直是家鱼比较稳定的产卵场的原因。

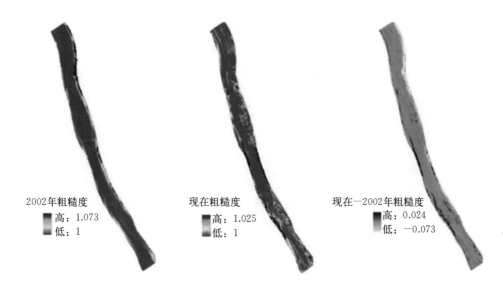

图 4-23 2002 年粗糙度、现在粗糙度和现在减去 2002 年后的粗糙度

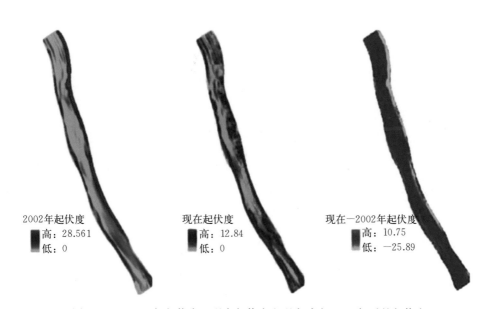

图 4-24 2002 年起伏度、现在起伏度和现在减去 2002 年后的起伏度

宜都江段四大家鱼产卵场附近地形发生了较大变化。产卵场地形的改变对家鱼的影响是双方面的，既有不利影响，也有形成新产卵场的可能性。研究河床地形变化对家鱼的影响，主要集中在断面形态、河床粗糙度、起伏度和高程变异系数上。除此之外，河床底质、平面形态、断面宽深比、主流位置、流速分布特性、河床边

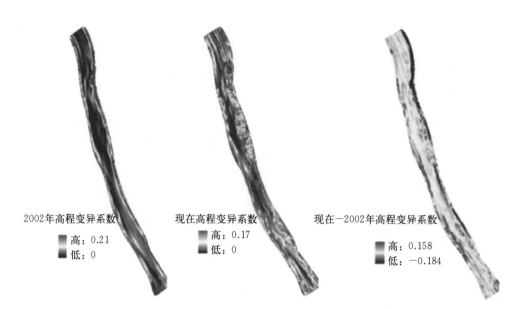

2002年高程变异系数

■ 高：0.21
■ 低：0

现在高程变异系数

■ 高：0.17
■ 低：0

现在－2002年高程变异系数

■ 高：0.158
■ 低：－0.184

图4-25　2002年高程变异系数、现在高程变异系数和现在减去2002年后的高程变异系数

界条件等对家鱼产卵场可能都有重要意义，未来在数据满足的情况下，结合家鱼产卵情况的变化对这些因素进行系统对比分析，以便更全面地分析三峡工程运行对家鱼产卵场的影响，并提出相应的对策和措施。

Chapter 5 第五章

四大家鱼产卵场水动力特征

5.1 概述

四大家鱼产卵场的水动力特性，是触发家鱼产卵的重要因素。目前，这方面的研究主要借助一维和二维水动力模型，选择简单的、大尺度的量化指标进行分析。然而，四大家鱼产卵所需的"泡漩水"等复杂水流流态是高度三维的。一维和平面二维的水动力模型，难以模拟局部的、细尺度的涡旋等复杂流态。而目前常规的三维水动力模型又受限于家鱼产卵场定位范围太广，面临河道平面模拟尺度（几十千米）与垂向模拟尺度（几十米）极为不匹配、计算网格畸变和耗时巨大等问题，大大限制了家鱼产卵场的三维水动力特性研究。

本章在第二至第四章准确定位家鱼产卵场范围的基础上，利用实测产卵场地形作为边界，结合产卵场水位和流量条件，构建产卵场三维水动力模型，将枝城产卵场实测的流场数据对模型进行率定验证，并模拟家鱼繁殖期间 7 组流量梯度条件下宜都、枝城和城陵矶产卵场的流场特性，解析产卵场流速、水深、傅汝德数等水动力指标随流量条件变化的特征。

5.2 三维水动力模型构建方法

5.2.1 EFDC 水动力模型简介

EFDC 模型水动力模块基于三维浅水方程，动力耦合了盐度、温度过程。EFDC 模型能对变密度流体的垂直静水压、自由水面、湍流平均运动方程进行求解，亦能耦合求解湍流动能、湍流长度尺度、盐度与温度的传输方程。模型采用有限差分计算网格：即简单的笛卡尔网格或用于不规则海岸线的正交曲线坐标。在垂直方向上，EFDC 模型采用了 σ 坐标来表述复杂的地形。EFDC 模型求解运动方程的数值方案为交错网格或 C 网格上的二阶精度的空间有限差分。模型的时间积分使用二阶精度、3 个时间层的有限差分，并用内外模分离方法，将内切变或斜压模从外模或正模中分离出来。外模采用半隐式，用预处理的共轭梯度程序计算二维的自由面水位，然后使用新的自由面计算出平均深度的正压流场。外模的半隐式求解方案允许使用大时间步长，仅仅受显式中心差分的稳定准则或用于非线性增长的高阶迎风水平对流方案所限制。EFDC 模型内模动量方程，使用与外模相同的时间步长，而且考虑到垂直扩散使用隐式表达。3 个时间层的时间分离方案通过周期插入二阶精度、2 个时间层梯形步进行控制。

EFDC 的 Sigma 坐标下的连续方程：

$$\frac{\partial H}{\partial t}+\frac{\partial (uH)}{\partial x}+\frac{\partial (vH)}{\partial y}+\frac{\partial (wH)}{\partial z}=Q_H$$

式中，H 为自由面位移 m 与平均水深 h 之和，称为总深度，$H=h+m$；u 为 x 向流速（m/s）；v 为 y 向流速（m/s）；w 为 z 向流速（m/s）；Q_H 为单位面积进入控制体的水量（m³/s）。

EFDC 的 Sigma 坐标下的动量方程：

$$\frac{\partial (Hu)}{\partial t}+\frac{\partial (Huu)}{\partial x}+\frac{\partial (Huv)}{\partial y}+\frac{\partial uw}{\partial z}-fHv$$

$$=-H\frac{\partial (p+g\eta)}{\partial x}+\left(-\frac{\partial h}{\partial x}+z\frac{\partial H}{\partial x}\right)\frac{\partial p}{\partial z}+\frac{\partial}{\partial x}\left(\frac{A_v}{H}\frac{\partial u}{\partial z}\right)\frac{\partial (Hv)}{\partial t}+\frac{\partial (Huv)}{\partial x}+\frac{\partial (Hvv)}{\partial y}+$$

$$\frac{\partial vw}{\partial z}+Q_u+fHu$$

$$=-H\frac{\partial (p+g\eta)}{\partial y}+\left(-\frac{\partial h}{\partial y}+z\frac{\partial H}{\partial y}\right)\frac{\partial p}{\partial z}+\frac{\partial}{\partial z}\left(\frac{A_v}{H}\frac{\partial v}{\partial \sigma}\right)+Q_u$$

$$\frac{\partial p}{\partial z}=-gH\frac{(\rho-\rho_0)}{\rho_0}=-gHb$$

$$(\tau_{xz},\ \tau_{yz})=\frac{A_v}{H}\frac{\partial}{\partial z}\ (u,\ v)$$

式中，p 为附加静水压；b 为浮力；τ_{xz} 为 x 向的垂向剪切力；τ_{yz} 为 y 向的垂向剪切力。

EFDC 在 Sigma 坐标下的边界条件分为固壁边界、上边界和下边界。模型中垂向速度的边界条件为水面、水底的法向速度均为 0：

$$w\ (0)=w\ (1)=0$$

在固壁处，无流体穿过，水流只能沿切向运动，法向速度为 0；

$$u \cdot n=0\ 即：u_n=0$$

水具有黏性，在固壁处水黏附于固壁，则固壁处切向速度为 0，即为无滑移条件：

$$u_t = 0$$

上游边界提供河流的入流条件，通常用流量或者水位指定，下游边界提供水位或水位流量关系曲线。

5.2.2　产卵场三维水动力模型构建

选取长江中游宜都、枝城以及城陵矶 3 个四大家鱼重要产卵场作为建模对象。其中宜都产卵场模型面积约为 15.30 km²；枝城产卵场模型面积约为 14.01 km²；城陵矶产卵场模型面积约为 18.02 km²。

5.2.2.1　模型网格划分

根据实测的产卵场地形，提取产卵场边界的经纬度坐标，配置成 .spl 文件，使用 Delft3D-RGFGRID 网格生成模块，进行网格划分。网格经正交化处理后，导入 EFDC。四大家鱼栖息的水层不甚相同，因此垂直方向上将网格分为 5 层，从上往下的比例均为 0.2，总和为 1。3 个产卵场的网格划分情况如下：

宜都产卵场网格在水平方向上为 840×50，即横向有 i=840 行，纵向有 j=50 列，网格总数为 42 000。网格平均大小为 19.88 m×18.94 m（横向×纵向）（图 5-1）。

枝城产卵场网格在水平方向上为 586×50，即横向有 i=586 行，纵向有 j=50 列，网格总数为 29 300。网格平均大小为 25.18 m×18.86 m（横向×纵向）（图 5-2）。

城陵矶产卵场网格在水平方向上为 700×45，即横向有 i=700 行，纵向有 j=45 列，网格总数为 31 500。网格平均大小为 24.42 m×23.63 m（横向×纵向）（图 5-3）。

图 5-1　宜都产卵场模型网格　　图 5-2　枝城产卵场模型网格　　图 5-3　城陵矶产卵场模型网格

5.2.2.2 模型率定验证

用2016年6月22日在枝城实测的流场来率定验证模型的主要参数，并与数值模拟的结果进行比对。实测流场对应的水位、流量情况如表5-1所示。监测断面布设如图5-4所示。

表5-1 实测流场对应的水文条件

日期（年-月-日）	时间（h）	水位（m）	流量（m³/s）
2016-6-22	0	43.65	21 400
2016-6-22	4	43.28	20 600
2016-6-22	8	43.13	20 500
2016-6-22	12	43.49	23 000
2016-6-22	16	43.26	20 500
2016-6-22	20	43.31	22 700

从枝城产卵场下游往上游方向设置了12个断面进行横断面平均流速分布对比，如图5-5所示。从12个对比图中可看出大部分模拟流速与实测流速在数值大小和变化趋势上都很接近（图5-6）。

图5-4 枝城江段实测流场断面

图5-5 比对断面分布

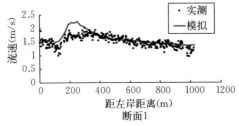

断面1

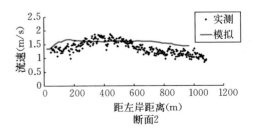

断面2

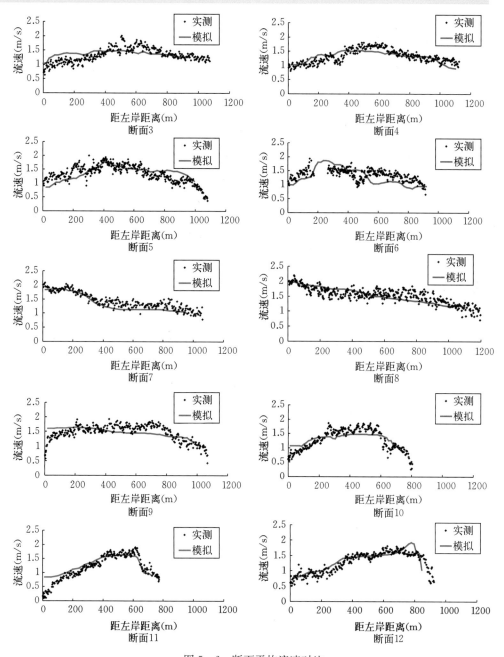

图 5-6 断面平均流速对比

5.3 产卵场水动力特征分析

根据长江中游 5—7 月流量的监测情况，其流量水平大部分处于 6 000～35 000 m³/s，因此设置了7组流量水平,模拟了3个典型产卵场江段在6000～35000 m³/s流量范围内的流场特性。每个流量条件下,都根据各个江段真实的水位高程作为模型边界条件,见表5-2。

表5-2 模型流量和水位表

枝城产卵场			宜都产卵场			城陵矶产卵场		
工况	流量 (m³/s)	水位 (m)	工况	流量 (m³/s)	水位 (m)	工况	流量 (m³/s)	水位 (m)
1	6000	37.70	1	6000	37.80	1	6000	24.02
2	10000	38.90	2	10000	38.90	2	10000	25.17
3	15000	40.70	3	15000	41.50	3	15000	28.80
4	20000	42.40	4	20000	43.3	4	20000	30.50
5	25000	43.00	5	25000	44.6	5	25000	30.90
6	30000	44.80	6	30000	46.4	6	30000	31.30
7	35000	45.60	7	35000	47.1	7	35000	32.00

5.3.1 产卵场流速

流速表征了水流运动的快慢,是水流与河道宽度、坡降以及糙率相互作用的综合表现。特定的流速条件可促使鱼类性腺发育成熟,刺激鱼类产卵活动的发生。流速对产漂流性卵鱼类而言更具有重要的生物学意义,四大家鱼卵吸水膨胀后比重略大于水,在水流平缓或静水处下沉,需要一定的流速条件才能漂浮在水中。同时,较大的流速还能保证产卵场水体的溶氧量维持在较高水平。

流速表达式为:

$$v = \frac{s}{t}$$

式中,s,t是水流通过的距离和时间。

随着流量增加,产卵场的流速均有一个增大过程,从产卵场平均流速分布图(图5-7至图5-10)可以看出,产卵场流速增大的过程并不是均匀化的,在主流方向上流速增大更为显著;水流从顺直段进入弯道后,由于存在离心作用,总体上水流流向会偏向凹岸,枝城和城陵矶产卵主流方向都经历了由左岸到右岸再到左岸的走势;深潭出现的位置流速都较大,如枝城的A1区,由左岸到右岸形成了一个流速梯度;虽然宜都产卵场河道形态为顺直型,但由于上游左岸和中下游右岸存在深潭,导致其主流方向也呈现出微"S"形。

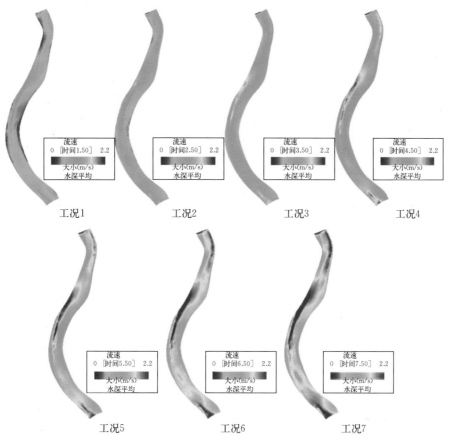

图 5-7　7 组工况下枝城产卵场平均流速分布

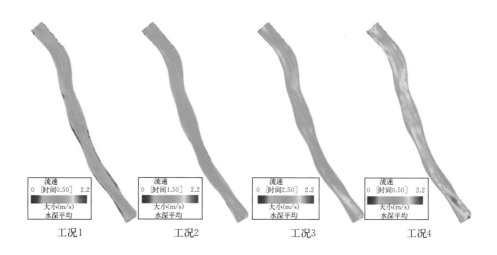

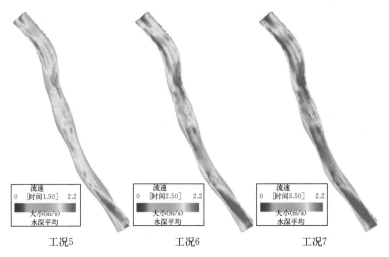

图 5-8　7 组工况下宜都产卵场平均流速分布

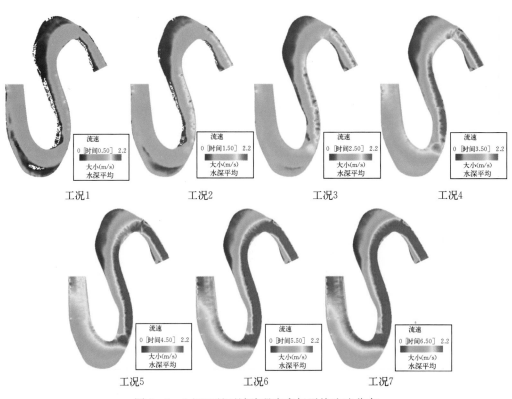

图 5-9　7 组工况下城陵矶产卵场平均流速分布

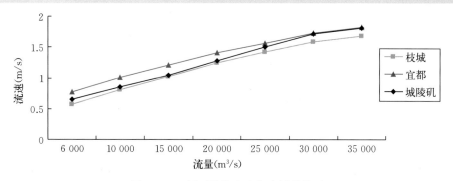

图 5-10 断面平均流速与流量的关系

5.3.2 产卵场水深

产卵场的水深与地形高程有直接的关系,高程值越小的区域,其水深值越大,随着流量增大,整个江段的水深增加较为均匀,3 个江段中枝城的平均水深值最大(图 5-11 至图 5-14)。

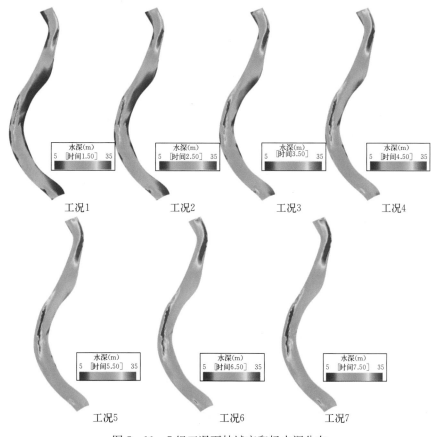

图 5-11 7 组工况下枝城产卵场水深分布

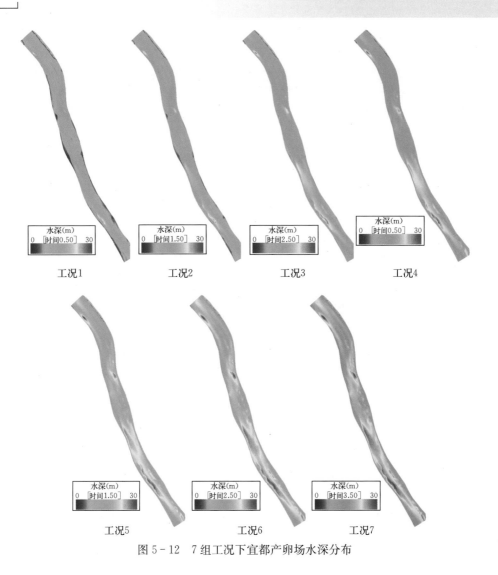

图 5-12 7组工况下宜都产卵场水深分布

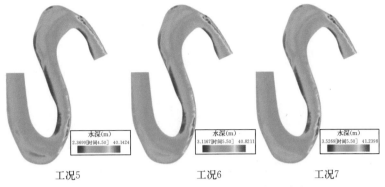

工况5　　　　　　工况6　　　　　　工况7

图 5 - 13　7 组工况下城陵矶产卵场水深分布

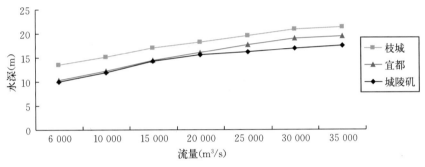

图 5 - 14　断面平均水深与流量的关系

5.3.3 产卵场傅汝德数

傅汝德数是水体惯性力与重力之比，是用来判别水体流动形态为急流、缓流或临界流的无量纲数。傅汝德数能表征四大家鱼产卵场水体湍流的流动状态，反映了水深和流速的共同影响。

傅汝德数表达式为：

$$Fr = \frac{u}{\sqrt{gh}}$$

式中，u，h 分别为断面平均流速和平均水深。在明渠中，当 $Fr<1$，水流为缓流；$Fr=1$，水流为临界流；$Fr>1$，水流为急流。

傅汝德数受流速和水深综合作用影响，因此随着流量增加其增大的规律性很复杂，枝城产卵场傅汝德数分布较大的范围是 C1 区以及 E 区，均位于深潭下方；宜都产卵场在中上部和底部傅汝德数值较大；城陵矶产卵场则是沿着主流方向傅汝德数值较大。从傅汝德数与流量的关系图中可以看出，随着流量增大，城陵矶产卵场傅汝德数增大的速率最大（图 5 - 15 至图 5 - 18）。

67

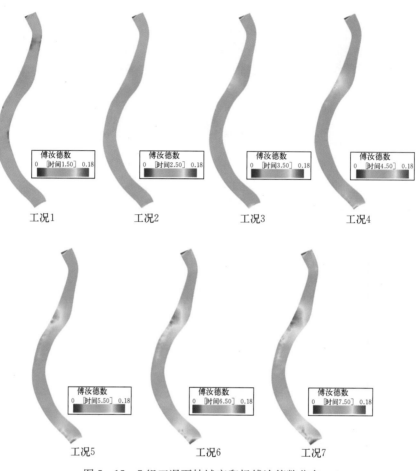

图 5-15　7组工况下枝城产卵场傅汝德数分布

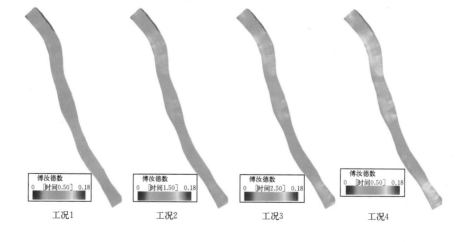

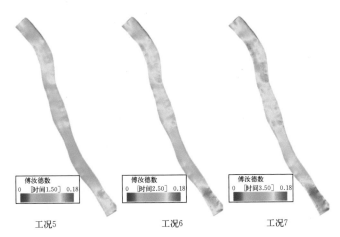

傅汝德数
0 [时间1.50] 0.18

傅汝德数
0 [时间2.50] 0.18

傅汝德数
0 [时间3.50] 0.18

工况5　　　　　　　　　　工况6　　　　　　　　　　工况7

图 5-16　7组工况下宜都产卵场傅汝德数分布

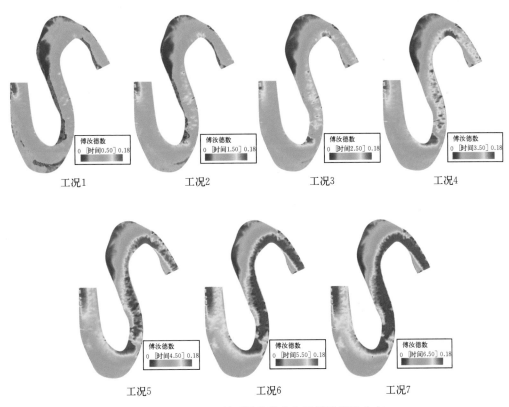

傅汝德数
0 [时间0.50] 0.18

傅汝德数
0 [时间1.50] 0.18

傅汝德数
0 [时间2.50] 0.18

傅汝德数
0 [时间3.50] 0.18

工况1　　　　　　工况2　　　　　　工况3　　　　　　工况4

傅汝德数
0 [时间4.50] 0.18

傅汝德数
0 [时间5.50] 0.18

傅汝德数
0 [时间6.50] 0.18

工况5　　　　　　　　工况6　　　　　　　　工况7

图 5-17　7组工况下城陵矶产卵场傅汝德数分布

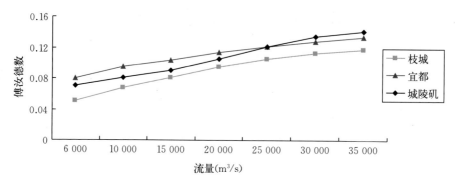

图 5-18　断面平均傅汝德数与流量的关系

Chapter 6 第六章

四大家鱼产卵场适宜性评价

6.1 概述

天然产卵场是鱼类栖息地中重要且敏感场所，具有特殊的水文水动力特征。持续涨水过程（河道流量增大过程）与产卵场特殊地形相互作用，形成的局部水动力条件是触发鱼类产卵的关键驱动力，是决定鱼类产卵、资源有效补充的核心要素。本章节利用 EFDC 三维水动力模型模拟还原产卵场在生态调度期间的水文过程，结合超声波遥测技术获取产卵时期家鱼亲本的分析数据，两者通过时空耦合，解析四大家鱼繁殖水动力条件的偏好选择，即水深（12.77～19.93 m）、流速（0.78～1.38 m/s）、傅汝德数（0.069～0.109），创新四大家鱼产卵场栖息地评价方法，确定四大家鱼典型产卵场适宜的流量需求（15 000～21 300 m³/s）。

6.2 栖息地适宜性评价方法

栖息地适宜度模型是通过适宜度方程评价各个生态因子对某一特定物种的适宜度值和综合值，求出加权可利用面积，以此来评价环境对这个特定物种生存和繁殖的适合程度。栖息地适宜度模型主要基于以下两点假定：第一是种群主动寻找适宜的生境，使用最频繁的地点为最适宜的栖息地。第二是物种与环境变量存在线性关系，生态因子中完全适合目标物种生存的情况，赋予数值 1；完全不适合目标物种生存的情况，赋予数值 0；介于 0 到 1 之间的数值，数值越大表示适合程度越高。

河段综合栖息地适宜性称为加权可利用面积 WUA（Weighted Usable Area），是通过栖息地适宜性曲线得到每个单元影响因子的综合适宜性值，用如下公式计算获得。

$$WUA = \sum_{i=1}^{n} CSF(V_{1i}, V_{2i}, \cdots, V_{mi}) \times A_i$$

式中，WUA 为研究河段栖息地适宜性面积；$\sum\limits_{i=1}^{n} CSF(V_{1i}, V_{2i}, \cdots, V_{mi})$ 为各个评价指标的栖息地综合适宜性值；$(V_{1i}, V_{2i}, \cdots, V_{mi})$ 为 m 个评价指标；A_i 为各个评价单元在第 i 单元的投影面积。

栖息地综合适宜性值 CSF_i 通常有以下三种计算方法：

$$CSF_i = V_{1i} \times V_{2i} \times \cdots \times V_{mi}$$

$$CSF_i = (V_{1i} \times V_{2i} \times \cdots \times V_{mi})^{1/m}$$

$$CSF_i = \min(V_{1i}, V_{2i}, \cdots, V_{mi})$$

第一种方法通过影响因子适宜性值相乘，用于评价各个影响因子的综合作用结果。第二种方法采用均方根，体现出当某一指标较为不利时，组成栖息地影响因子间的相互补偿。第三种方法将最不适于生物生存的影响因子适宜度作为综合适宜性值，体现出各影响因子的重要性。本项目将考虑不同指标间的相互补偿效应，采用均方根方法评价栖息地综合适宜值。

6.3 研究数据

宜都江段的流量数据是采用宜昌水文站 2016 年实测的流量数据，水位数据是由宜昌水文站与杨家咀水文站实测的水位数据经过插值处理获取；枝城江段的水文数据采用枝城水文站 2016 年实测的水位数据和流量数据（图 6-1）。

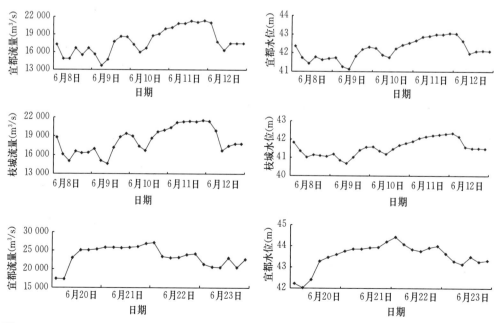

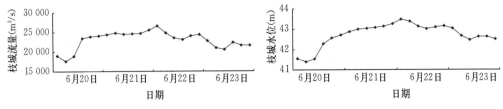

图 6-1 生态调度期间宜都、枝城江段流量及水位

在 2016 年生态调度（6 月 8—12 日，6 月 20—23 日）期间，统计宜都、枝城江段 VR2W 接收机实时的定位数据，宜都和枝城江段共 106 次四大家鱼监测数据情况见表 6-1。

表 6-1 生态调度期间四大家鱼超声波监测数据

超声波标志	日期（月-日）	时刻	接收机编号	超声波标志	日期（月-日）	时刻	接收机编号
55185	6-8	2	ZC12	34545	6-12	8	YD04
55185	6-8	6	ZC11	55174	6-12	8	ZC09
55185	6-8	6	ZC10	55175	6-12	8	ZC01
55185	6-8	7	ZC09	55175	6-12	8	ZC02
55185	6-8	12	ZC05	55175	6-12	8	ZC03
55185	6-8	14	ZC03	55135	6-12	9	YD07
55185	6-8	15	ZC02	55175	6-12	10	ZC05
55185	6-8	16	ZC01	55175	6-12	10	ZC07
55174	6-8	18	ZC11	34555	6-12	11	YD07
55185	6-8	21	ZC02	34555	6-12	12	YD04
55185	6-8	23	ZC03	34555	6-12	12	YD03
55174	6-9	1	ZC10	34555	6-12	14	YD02
34554	6-9	1	ZC03	55178	6-12	23	YD07
55174	6-9	5	ZC11	34558	6-20	16	YD02
55185	6-9	6	ZC02	55153	6-20	17	YD04
55185	6-9	7	ZC01	55153	6-20	19	YD02
55174	6-9	17	ZC10	34559	6-20	23	YD07
34554	6-10	1	ZC02	34559	6-21	2	YD02
55179	6-10	2	YD06	34559	6-21	6	YD06
34554	6-10	3	ZC02	55146	6-21	8	YD03
55174	6-10	4	ZC09	55164	6-21	11	YD06

（续）

超声波标志	日期（月-日）	时刻	接收机编号	超声波标志	日期（月-日）	时刻	接收机编号
34545	6-10	7	ZC05	55164	6-21	15	YD05
55191	6-10	13	YD06	34545	6-22	0	YD06
55191	6-10	13	YD05	34545	6-22	1	YD05
55191	6-10	15	YD04	34545	6-22	2	YD03
34559	6-10	22	YD07	34558	6-22	3	ZC02
34559	6-10	23	YD05	34558	6-22	4	ZC03
34559	6-11	1	YD03	34558	6-22	5	ZC01
34559	6-11	2	YD02	34567	6-22	5	ZC03
34559	6-11	3	YD01	34541	6-22	6	ZC03
55178	6-11	3	ZC13	55195	6-22	10	YD05
55146	6-11	11	ZC03	55195	6-22	12	YD03
55146	6-11	12	ZC11	34545	6-22	21	YD06
55146	6-11	12	ZC10	34545	6-23	0	YD05
55146	6-11	14	ZC08	55175	6-23	1	ZC12
55143	6-11	15	YD08	34541	6-23	3	ZC05
55143	6-11	16	YD06	55175	6-23	4	ZC07
55143	6-11	17	YD07	34545	6-23	5	YD03
55143	6-11	19	YD04	55175	6-23	5	ZC05
34555	6-12	0	ZC01	55175	6-23	6	ZC03
55160	6-12	3	YD07	55175	6-23	6	ZC02
55175	6-12	4	YD02	55175	6-23	7	ZC01
55175	6-12	4	YD04	34545	6-23	11	YD01
55143	6-12	5	ZC10	55175	6-23	16	YD08
55160	6-12	5	YD04	34551	6-23	17	ZC08
55175	6-12	5	YD08	34551	6-23	18	ZC07
34545	6-12	6	YD05	55175	6-23	18	YD06
34545	6-12	6	YD06	34558	6-23	19	YD06
55174	6-12	6	ZC10	55175	6-23	19	YD05
55174	6-12	6	ZC11	34551	6-23	20	ZC05
34545	6-12	7	YD03	34558	6-23	20	YD05
55160	6-12	7	YD02	55175	6-23	21	YD03
55160	6-12	7	YD01	34551	6-23	23	ZC03

根据家鱼监测时间、位置所对应江段的实时水位和流量条件，使用 EFDC 三维水动力模型复原了 54 种情景下家鱼产卵场流场。由于生态调度期是四大家鱼进行产卵活动的高峰期，产卵高峰期家鱼所处位置的生态水力条件在一定程度上能反映家鱼对产卵条件的偏好。

根据设定的计算情景，模拟了两次生态调度期间枝城及宜都产卵场的水动力特征。选择 6 月 8 日 12 时、6 月 12 日 12 时、6 月 20 日 12 时和 6 月 23 日 12 时这四种情景作为代表性情景，各代表性情景下家鱼产卵流速、水深、傅汝德数如图 6-2 至图 6-4 所示。

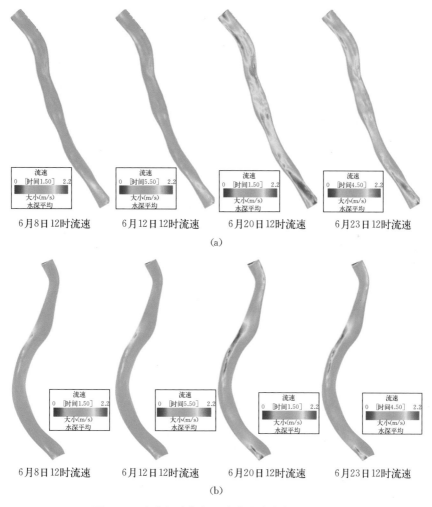

图 6-2　生态调度期间四大家鱼产卵场流速分布

（a）宜都产卵场　（b）枝城产卵场

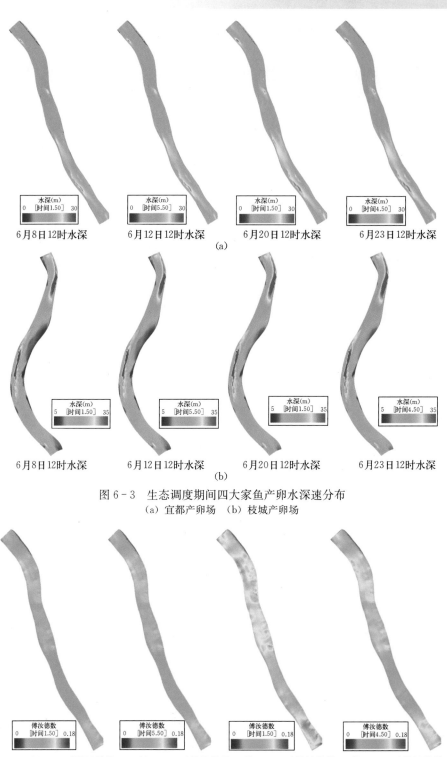

图 6-3　生态调度期间四大家鱼产卵水深速分布

（a）宜都产卵场　（b）枝城产卵场

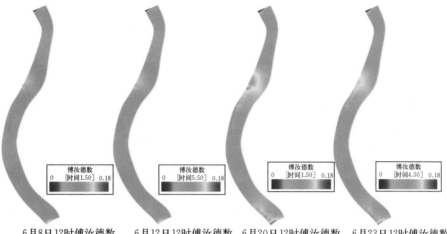

6月8日12时傅汝德数　　6月12日12时傅汝德数　　6月20日12时傅汝德数　　6月23日12时傅汝德数
(b)

图6-4　生态调度期间四大家鱼产卵场傅汝德数分布

（a）宜都产卵场　（b）枝城产卵场

6.4　四大家鱼繁殖水动力条件

6.4.1　四大家鱼繁殖适宜流速

根据生态调度期间 106 次家鱼监测数据，家鱼所处位置流速在 0.63~1.83 m/s，平均流速出现频次最多的为 0.78~0.93 m/s，共计出现 23 次；出现频次较多的流速范围是 0.78~1.38 m/s，共计出现 82 次；监测到的四大家鱼主要处于流速 0.63~1.53 m/s，共计 99 次，占 93.40%（图6-5）。

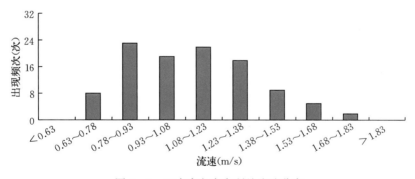

图6-5　四大家鱼产卵所处流速分布

将家鱼所处位置流速归一化处理，出现频次最高的 23 次赋予适宜度值 1.0，即可得到四大家鱼产卵流速适宜曲线，四大家鱼较适宜流速为 0.63~1.53 m/s，适宜流速为 0.78~1.38 m/s（图6-6）。

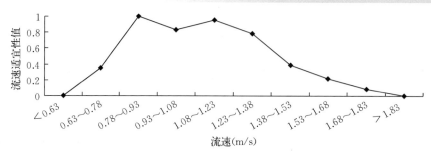

图 6-6　四大家鱼产卵流速适宜曲线

6.4.2　四大家鱼繁殖适宜水深

根据生态调度期间 106 次家鱼监测数据，家鱼所处位置水深在 10.98～25.30 m，平均水深出现频次最多的为 14.56～16.35 m，共计出现 26 次；出现频次较多的水深范围是 12.77～19.93 m，共计出现 74 次；监测到的家鱼主要处于水深 12.77～23.51 m，共计 87 次，占 82.08%（图 6-7）。

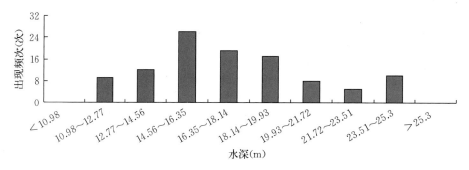

图 6-7　四大家鱼产卵所处水深分布

将家鱼所处位置水深归一化处理，出现频次最高的 26 次赋予适宜度值 1.0，即可得到四大家鱼产卵水深适宜曲线，四大家鱼较适宜水深为 12.77～23.51 m，适宜水深为 12.77～19.93 m（图 6-8）。

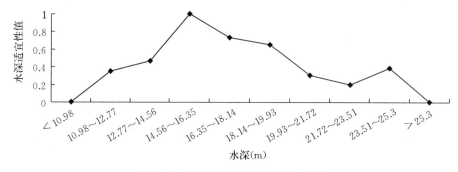

图 6-8　四大家鱼产卵水深适宜曲线

6.4.3 四大家鱼繁殖适宜傅汝德数

根据生态调度期间 106 次家鱼监测数据，家鱼所处位置傅汝德数在 0.049～0.129，平均傅汝德数出现频次最多的为 0.089～0.099，共计出现 24 次；出现频次较多的傅汝德数范围是 0.069～0.109，共计出现 68 次；监测到的家鱼主要处于傅汝德数 0.049～0.119，共计 102 次，占 96.23%（图 6-9）。

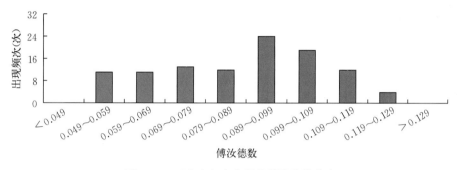

图 6-9 四大家鱼产卵所处傅汝德数分布

将家鱼所处位置傅汝德数归一化处理，出现频次最高的 24 次赋予适宜度值1.0，即可得到家鱼产卵傅汝德数适宜曲线，四大家鱼较适宜傅汝德数为 0.049～0.119，适宜傅汝德数为 0.069～0.109（图 6-10）。

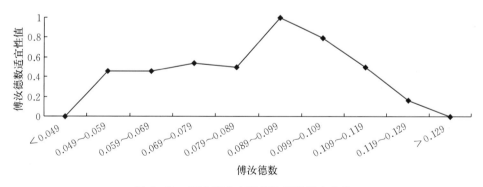

图 6-10 四大家鱼产卵傅汝德数适宜曲线

6.5 四大家鱼产卵场适宜性评价

6.5.1 四大家鱼栖息地适宜性函数

根据前述建立的家鱼产卵流速适宜度曲线，在不同流速下家鱼产卵场适宜度可用分段函数表述：

$$SI\ (U)\ =\begin{cases}0.00,\ U<0.63\\0.35,\ 0.63<U<0.78\\1.00,\ 0.78<U<0.93\\0.83,\ 0.93<U<1.08\\0.96,\ 1.08<U<1.23\\0.78,\ 1.23<U<1.38\\0.39,\ 1.38<U<1.53\\0.22,\ 1.53<U<1.68\\0.09,\ 1.68<U<1.83\\0.00,\ U>1.83\end{cases}$$

根据前述建立的家鱼产卵水深适宜度曲线，在不同水深下家鱼产卵场适宜度可用分段函数表述：

$$SI\ (H)\ =\begin{cases}0.00,\ H<10.98\\0.35,\ 10.98<H<12.27\\0.46,\ 12.27<H<14.56\\1.00,\ 14.56<H<16.35\\0.73,\ 16.35<H<18.14\\0.65,\ 18.14<H<19.93\\0.31,\ 19.93<H<21.72\\0.19,\ 21.72<H<23.51\\0.38,\ 23.51<H<25.30\\0.00,\ H>25.30\end{cases}$$

根据前述建立的家鱼产卵傅汝德数适宜度曲线，在不同傅汝德数下家鱼产卵场适宜度可用分段函数表述：

$$SI\ (Fr)\ =\begin{cases}0.00,\ Fr<0.049\\0.46,\ 0.049<Fr<0.059\\0.46,\ 0.059<Fr<0.069\\0.54,\ 0.069<Fr<0.079\\0.50,\ 0.079<Fr<0.089\\1.00,\ 0.089<Fr<0.099\\0.79,\ 0.099<Fr<0.109\\0.50,\ 0.109<Fr<0.119\\0.17,\ 0.119<Fr<0.129\\0.00,\ Fr>0.129\end{cases}$$

6.5.2 生态调度期间四大家鱼产卵场 WUA

选择 6 月 8 日 12 时、6 月 12 日 12 时、6 月 20 日 12 时和 6 月 23 日 12 时这四种情景作为代表性情景，各代表性情景下宜都四大家鱼产卵场水动力特征适宜度如图 6-11 至图 6-14 所示。第一次生态调度期间 3 个指标均具有较高的适宜度。第二次生态调度期间产卵场的 WUA 下降，主要原因是为流速适宜度和傅汝德数适宜度下降。根据设定的计算公式，当有某个因子的数值超过分段函数设定的范围，即为数值 0，此时栖息地综合值对应的网格也为 0，因此，即使第二次生态调度期间宜都江段水深具有较好的适宜度，综合适宜度也还是明显下降了。

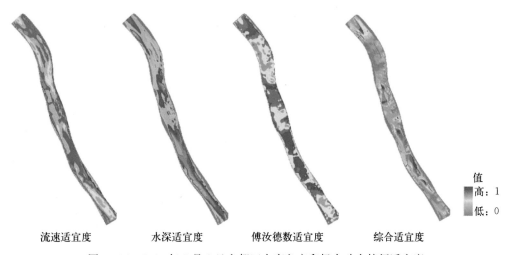

| 流速适宜度 | 水深适宜度 | 傅汝德数适宜度 | 综合适宜度 |

图 6-11　2016 年 6 月 8 日宜都四大家鱼产卵场水动力特征适宜度

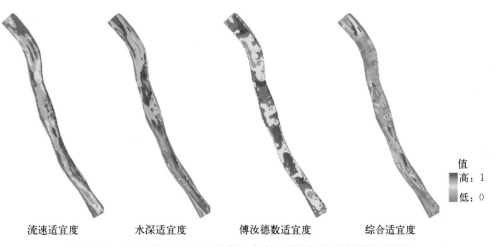

| 流速适宜度 | 水深适宜度 | 傅汝德数适宜度 | 综合适宜度 |

图 6-12　2016 年 6 月 12 日宜都四大家鱼产卵场水动力特征适宜度

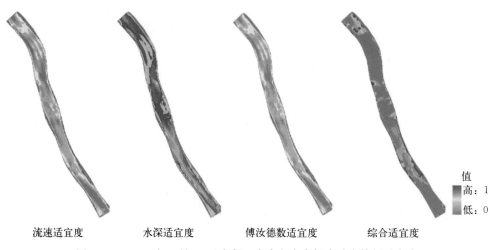

流速适宜度　　　　　水深适宜度　　　　　傅汝德数适宜度　　　　综合适宜度

图 6-13　2016 年 6 月 20 日宜都四大家鱼产卵场水动力特征适宜度

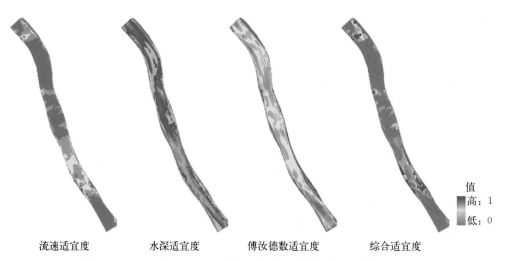

流速适宜度　　　　　水深适宜度　　　　　傅汝德数适宜度　　　　综合适宜度

图 6-14　2016 年 6 月 23 日宜都四大家鱼产卵场水动力特征适宜度

选择 6 月 8 日 12 时、6 月 12 日 12 时、6 月 20 日 12 时和 6 月 23 日 12 时这四种情景作为代表性情景，各代表性情景下枝城家鱼产卵场水动力特征适宜度如图 6-15 至图 6-18 所示。由图可以看出枝城产卵场在第一次生态调度期间流速及傅汝德数适宜度较高，水深在主流方向上适宜度较低，在"S"弯道处及主流两侧均适合四大家鱼产卵，第二次生态调度期间产卵场 WUA 降低，其主要原因是由于流量加大导致江段的流速增加。由上述流场图可以看出，主流方向上的流速已有部分超过 2 m/s，导致其适合度降低，虽然有些局部网格的流速增加使其适合度升高，但总体上还是呈现出下降趋势。从综合适宜度图上可以看出，在"S"形弯道处及尾部出现两块适宜度值高的区域，这些区域适合四大家鱼繁殖。

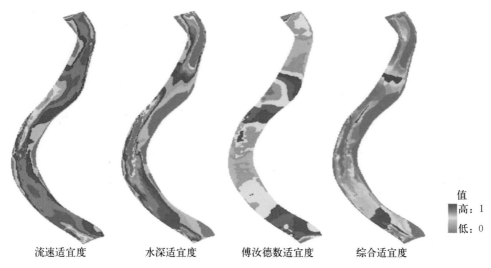

流速适宜度　　　　水深适宜度　　　　傅汝德数适宜度　　　综合适宜度

图 6-15　2016 年 6 月 8 日枝城四大家鱼产卵场水动力特征适宜度

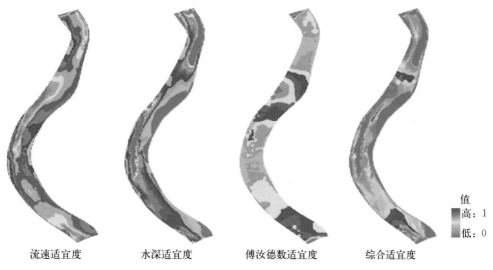

流速适宜度　　　　水深适宜度　　　　傅汝德数适宜度　　　综合适宜度

图 6-16　2016 年 6 月 12 日枝城四大家鱼产卵场水动力特征适宜度

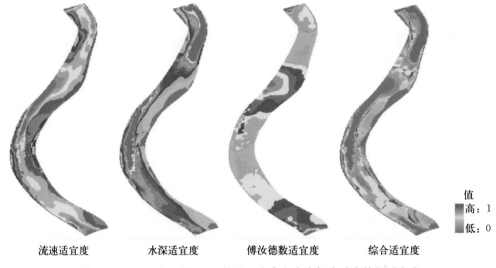

值
高：1
低：0

流速适宜度　　　　　水深适宜度　　　　傅汝德数适宜度　　　综合适宜度

图 6-17　2016 年 6 月 20 日枝城四大家鱼产卵场水动力特征适宜度

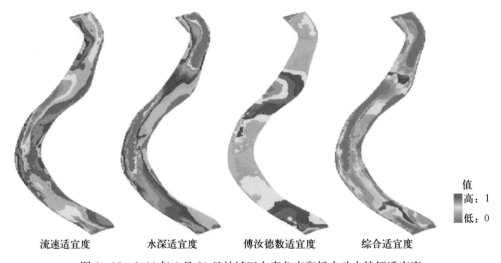

值
高：1
低：0

流速适宜度　　　　　水深适宜度　　　　傅汝德数适宜度　　　综合适宜度

图 6-18　2016 年 6 月 23 日枝城四大家鱼产卵场水动力特征适宜度

6.5.3　不同流量条件下四大家鱼产卵场 WUA

设定的 7 个流量条件下宜都四大家鱼产卵场 WUA 如图 6-19 至图 6-25 所示。从总体上看，宜都产卵场 WUA 值也是随着流量的变化先增大后减少，但其主要影响因子与枝城产卵场不同，水深和傅汝德数是其主要影响因素。低流量条件下由于水深适宜度低导致产卵场 WUA 处于较低水平，在流量增大超过 20 000 m^3/s 后，傅汝德数成为主要的影响因子，由于傅汝德数显著下降，导致产卵场 WUA 值下降。

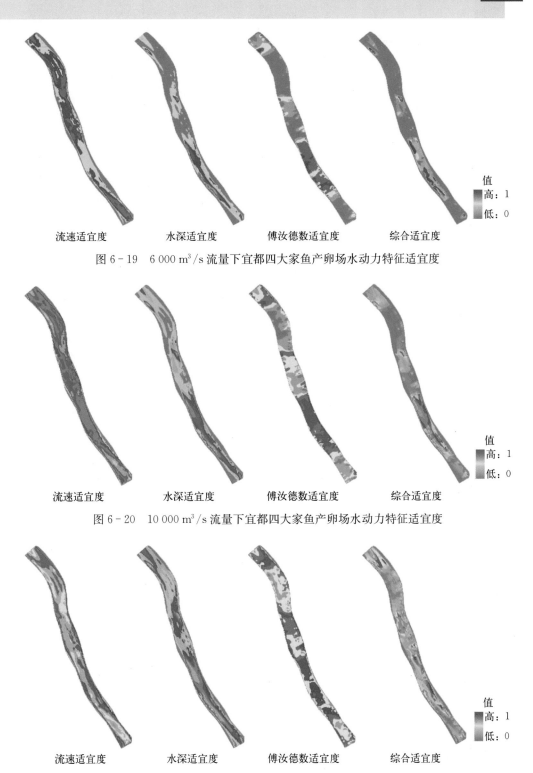

图 6-19　6 000 m³/s 流量下宜都四大家鱼产卵场水动力特征适宜度

图 6-20　10 000 m³/s 流量下宜都四大家鱼产卵场水动力特征适宜度

图 6-21　15 000 m³/s 流量下宜都四大家鱼产卵场水动力特征适宜度

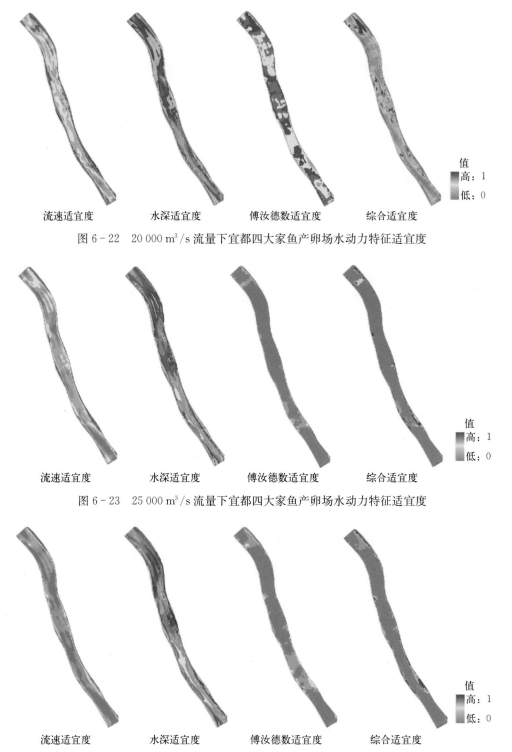

流速适宜度　　　　水深适宜度　　　傅汝德数适宜度　　　综合适宜度

图 6 - 22　20 000 m³/s 流量下宜都四大家鱼产卵场水动力特征适宜度

流速适宜度　　　　水深适宜度　　　傅汝德数适宜度　　　综合适宜度

图 6 - 23　25 000 m³/s 流量下宜都四大家鱼产卵场水动力特征适宜度

流速适宜度　　　　水深适宜度　　　傅汝德数适宜度　　　综合适宜度

图 6 - 24　30 000 m³/s 流量下宜都四大家鱼产卵场水动力特征适宜度

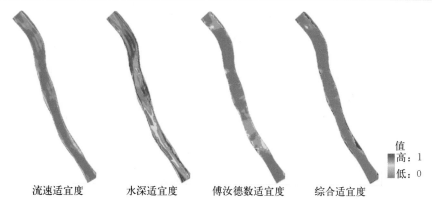

流速适宜度　　　　水深适宜度　　　傅汝德数适宜度　　综合适宜度

图 6 - 25　35 000 m³/s 流量下宜都四大家鱼产卵场水动力特征适宜度

设定的 7 个流量条件下枝城四大家鱼产卵场 WUA 如图 6 - 26 至图 6 - 32 所示。

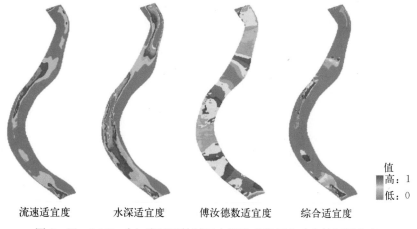

流速适宜度　　　　水深适宜度　　　傅汝德数适宜度　　综合适宜度

图 6 - 26　6 000 m³/s 流量下枝城四大家鱼产卵场水动力特征适宜度

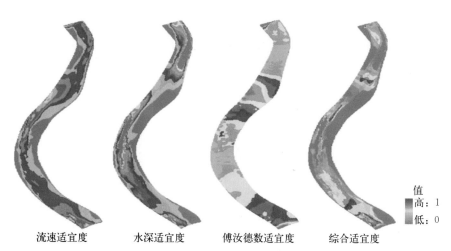

流速适宜度　　　　水深适宜度　　　傅汝德数适宜度　　综合适宜度

图 6 - 27　10 000 m³/s 流量下枝城四大家鱼产卵场水动力特征适宜度

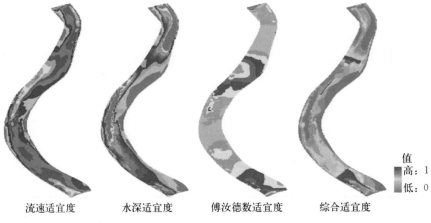

流速适宜度 水深适宜度 傅汝德数适宜度 综合适宜度

图 6-28 15 000 m³/s 流量下枝城四大家鱼产卵场水动力特征适宜度

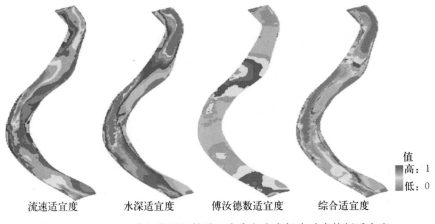

流速适宜度 水深适宜度 傅汝德数适宜度 综合适宜度

图 6-29 20 000 m³/s 流量下枝城四大家鱼产卵场水动力特征适宜度

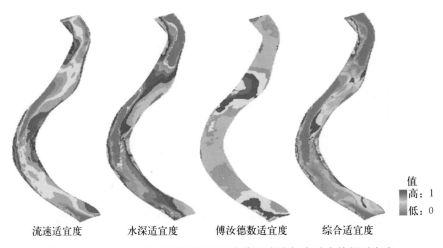

流速适宜度 水深适宜度 傅汝德数适宜度 综合适宜度

图 6-30 25 000 m³/s 流量下枝城四大家鱼产卵场水动力特征适宜度

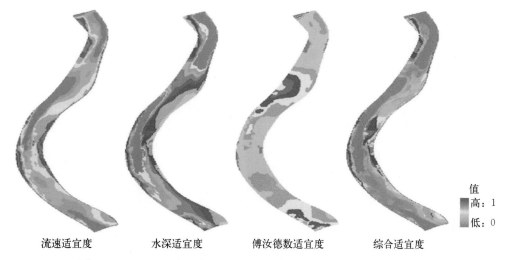

流速适宜度　　　　水深适宜度　　　傅汝德数适宜度　　　综合适宜度

图 6 - 31　30 000 m³/s 流量下枝城四大家鱼产卵场水动力特征适宜度

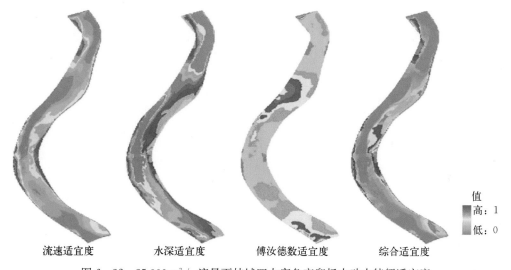

流速适宜度　　　　水深适宜度　　　傅汝德数适宜度　　　综合适宜度

图 6 - 32　35 000 m³/s 流量下枝城四大家鱼产卵场水动力特征适宜度

在 6 000 m³/s 流量条件下，由于整个枝城江段的流速较小，导致流速适宜度低，其为影响 WUA 的主要因素；随着流量增大，产卵场的流速水平提高，综合适宜度也逐渐上升，在流量为 20 000 m³/s 时达到最大；而后随着流量继续增大，流速过大导致其适宜度开始减小，产卵时 WUA 值开始逐渐下降。

设定的 7 个流量条件下城陵矶四大家鱼产卵场 WUA 如图 6 - 33 至图 6 - 39 所示。城陵矶产卵场影响其综合适宜度的情况与上述两个产卵场又有不同，观察可发现，流速和水深适宜度较高的区域其傅汝德数适宜度水平较差，而傅汝德数适宜度高的区域，其流速和水深适宜度又处于较低水平，由此使得整个江段的可利用栖息地面积偏小。在主流方向上，两个弯道处均有部分区域适合四大家鱼产卵，并且随着流量增大，可利用面积增加，而连接两个弯道的直道江段始终没有适合产卵的区域。

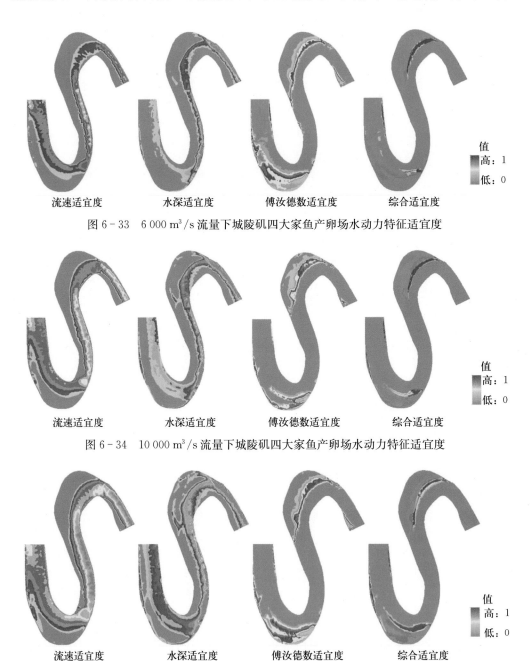

图 6-33 6 000 m³/s 流量下城陵矶四大家鱼产卵场水动力特征适宜度

图 6-34 10 000 m³/s 流量下城陵矶四大家鱼产卵场水动力特征适宜度

图 6-35 15 000 m³/s 流量下城陵矶四大家鱼产卵场水动力特征适宜度

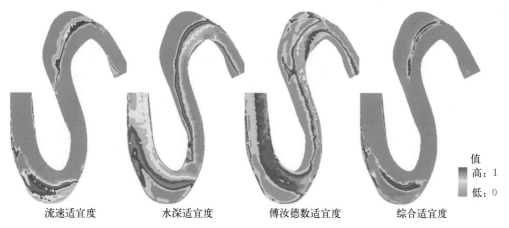

流速适宜度　　　　水深适宜度　　　　傅汝德数适宜度　　　　综合适宜度

图 6-36　20 000 m³/s 流量下城陵矶四大家鱼产卵场水动力特征适宜度

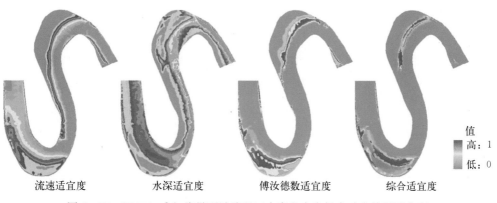

流速适宜度　　　　水深适宜度　　　　傅汝德数适宜度　　　　综合适宜度

图 6-37　25 000 m³/s 流量下城陵矶四大家鱼产卵场水动力特征适宜度

流速适宜度　　　　水深适宜度　　　　傅汝德数适宜度　　　　综合适宜度

图 6-38　30 000 m³/s 流量下城陵矶四大家鱼产卵场水动力特征适宜度

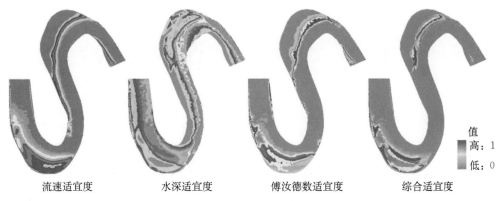

流速适宜度　　　　　水深适宜度　　　　　傅汝德数适宜度　　　　综合适宜度

图 6-39　35 000 m³/s 流量下城陵矶四大家鱼产卵场水动力特征适宜度

6.5.4　四大家鱼产卵场 WUA 与流量的关系

枝城和宜都江段各统计 16 种流量条件下产卵场 WUA 值，城陵矶江段统计 7 种流量条件下产卵场 WUA 值。在 6 000～35 000 m³/s 流量条件下，宜都产卵场可利用栖息地面积范围是 0.67～8.39 km²；枝城产卵场可利用栖息地面积范围是 1.45～6.40 km²；城陵矶产卵场可利用栖息地面积范围是 0.55～2.50 km²。宜都和枝城产卵场的 WUA 值随着流量增大呈现先增加后减小趋势，城陵矶产卵场的 WUA 值随着流量的增大而增大，流量与 WUA 值呈现出较好的线性关系（图 6-40）。

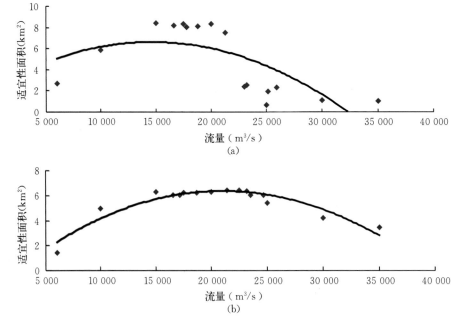

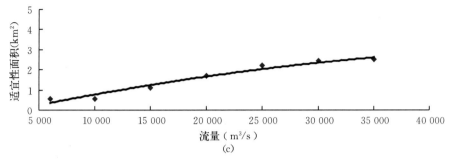

图 6-40　不同流量条件下四大家鱼产卵场 WUA 值
(a) 宜都产卵场　(b) 枝城产卵场　(c) 城陵矶产卵场

6.5.5　四大家鱼产卵场栖息地模型验证

使用 2015 年和 2017—2019 年 86 组样本数据对四大家鱼产卵场栖息地适宜度模型进行验证（表 6-2），同时从图 6-41 可以看出当栖息地适宜面积越大，四大家鱼产卵活动越频繁，且产卵量越多，当栖息地适宜面积小，四大家鱼几乎不进行产卵活动。有 65.12% 的产卵活动发生在适宜性面积大于 6 km² 的情况下，产卵规模占到总产量的 71.00%；有 82.56% 的产卵活动发生在适宜性面积大于 5 km² 的情况下，产卵规模占到总产量的 88.57%。

表 6-2　宜都产卵场四大家鱼日产卵量与适宜性面积关系

日期（年-月-日）	流量（m³/s）	适宜性面积（km²）	日产卵量（×10⁸ 个）
2015-5-9	11 100	6.286 6	0.007 6
2015-5-12	11 400	6.331 6	0.026 7
2015-5-16	11 800	6.386 0	0.044 3
2015-5-18	11 500	6.345 8	0.064 6
2015-5-19	9 770	6.043 7	0.051 0
2015-5-21	10 100	6.110 6	0.013 0
2015-5-29	14 250	6.579 6	0.031 0
2015-5-30	13 150	6.522 4	0.756 0
2015-6-1	12 650	6.480 4	0.013 3
2015-6-3	7 530	5.474 8	0.131 0
2015-6-8	14 400	6.583 6	0.042 8
2015-6-9	19 700	6.149 0	2.251 1
2015-6-10	19 750	6.139 6	0.114 3

（续）

日期（年-月-日）	流量（m³/s）	适宜性面积（km²）	日产卵量（×10⁸ 个）
2015 - 6 - 18	21 700	5.693 0	0.547 4
2015 - 6 - 21	20 100	6.070 6	0.061 7
2015 - 6 - 22	16 050	6.568 8	0.016 3
2015 - 6 - 27	26 750	3.829 6	1.523 3
2015 - 6 - 30	26 750	3.829 6	0.016 2
2015 - 7 - 1	32 600	0.395 6	0.186 1
2015 - 7 - 2	31 500	1.145 8	0.126 3
2017 - 5 - 22	14 300	6.581 0	0.050 0
2017 - 5 - 24	16 400	6.551 6	0.011 0
2017 - 6 - 1	13 900	6.566 6	0.031 0
2017 - 6 - 8	19 000	6.270 8	0.017 0
2017 - 6 - 10	19 600	6.167 6	3.323 0
2017 - 6 - 11	15 100	6.590 6	0.397 0
2017 - 6 - 18	22 500	5.465 8	1.991 0
2017 - 6 - 19	22 100	5.582 6	0.346 0
2017 - 6 - 25	17 900	6.422 6	1.150 0
2017 - 6 - 28	24 800	4.670 0	0.992 0
2017 - 7 - 9	27 600	3.415 6	0.858 0
2017 - 7 - 10	26 100	4.126 6	0.632 0
2018 - 5 - 13	13 500	6.545 8	0.019 0
2018 - 5 - 15	16 000	6.570 8	0.033 0
2018 - 5 - 17	15 700	6.581 0	0.159 0
2018 - 5 - 19	16 100	6.566 6	2.864 0
2018 - 5 - 24	20 600	5.963 6	0.180 0
2018 - 5 - 25	23 300	5.213 0	0.530 0
2018 - 5 - 26	21 700	5.693 0	2.883 0
2018 - 6 - 8	15 300	6.589 0	0.058 0
2018 - 6 - 14	11 700	6.373 0	0.067 0
2018 - 6 - 20	16 300	6.557 0	0.459 0
2018 - 6 - 23	17 600	6.455 6	0.032 0
2018 - 6 - 24	18 800	6.302 0	1.501 0
2018 - 6 - 25	18 300	6.373 0	0.128 0
2018 - 6 - 26	18 200	6.386 0	0.074 0

（续）

日期（年-月-日）	流量（m³/s）	适宜性面积（km²）	日产卵量（×10⁸ 个）
2018 - 6 - 28	21 000	5.870 8	0.011 0
2018 - 6 - 29	22 900	5.342 6	0.340 0
2018 - 7 - 1	24 200	4.898 0	0.148 0
2018 - 7 - 2	26 400	3.991 6	0.200 0
2018 - 7 - 3	27 500	3.465 8	0.019 0
2018 - 7 - 4	31 300	1.277 0	0.581 0
2019 - 5 - 13	12 500	6.465 8	0.019 7
2019 - 5 - 14	12 400	6.455 6	0.090 3
2019 - 5 - 15	13 000	6.510 8	0.189 7
2019 - 5 - 17	16 800	6.526 0	2.030 6
2019 - 5 - 18	18 500	6.345 8	0.450 4
2019 - 5 - 19	19 600	6.167 6	0.505 2
2019 - 5 - 20	20 500	5.985 8	2.919 2
2019 - 5 - 21	20 700	5.941 0	0.308 1
2019 - 5 - 25	22 500	5.465 8	0.089 9
2019 - 5 - 26	19 500	6.185 8	1.048 8
2019 - 5 - 30	19 500	6.185 8	0.018 6
2019 - 6 - 1	19 700	6.149 0	10.055 8
2019 - 6 - 2	19 200	6.238 0	0.396 2
2019 - 6 - 5	18 000	6.410 8	1.112 7
2019 - 6 - 6	17 900	6.422 6	1.519 2
2019 - 6 - 7	18 700	6.317 0	1.221 5
2019 - 6 - 11	13 100	6.518 6	0.383 9
2019 - 6 - 12	17 100	6.502 6	8.196 6
2019 - 6 - 13	17 200	6.494 0	0.816 6
2019 - 6 - 18	19 700	6.149 0	2.581 2
2019 - 6 - 19	21 100	5.846 6	0.589 3
2019 - 6 - 20	20 400	6.007 6	0.071 3
2019 - 6 - 21	19 200	6.238 0	0.059 5
2019 - 6 - 22	18 100	6.398 6	0.200 6
2019 - 6 - 23	17 000	6.510 8	0.213 5
2019 - 6 - 24	18 300	6.373 0	4.168 9
2019 - 6 - 25	31 000	1.470 8	0.046 9

（续）

日期（年-月-日）	流量（m³/s）	适宜性面积（km²）	日产卵量（×10⁸ 个）
2019 - 6 - 26	28 800	2.782 0	0.193 6
2019 - 6 - 29	23 800	5.042 0	0.950 4
2019 - 6 - 30	22 900	5.342 6	0.400 7
2019 - 7 - 1	31 000	1.470 8	2.382 0
2019 - 7 - 2	31 600	1.079 6	0.043 9
2019 - 7 - 6	19 300	6.221 0	0.047 2
2019 - 7 - 8	17 500	6.465 8	0.113 8

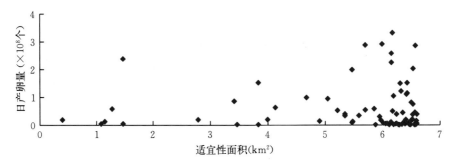

图 6-41　四大家鱼日产卵量与适宜栖息地面积的关系

6.6　小结

影响鱼类繁殖的因素可归结为两类：一类是鱼类自身的条件，只有性腺发育达到一定程度、生理状况良好的个体，才具有产卵的能力；另一类即为其所处的环境条件，只有当环境因子满足其繁殖的需求，鱼类才开始产卵。对于产漂流性卵的鱼类而言，流速显得尤为重要，研究表明，当流速低于 0.2 m/s 时，漂流性卵开始下沉，当流速低于 0.1 m/s 时，鱼卵会全部下沉，鱼卵可以在流水中安全漂浮的断面平均流速是 0.25 m/s。本项目基于超声波遥测技术，在四大家鱼繁殖期间获得其准确的定位数据，其结果能真实反映四大家鱼产卵的水力条件需求。研究得出四大家鱼产卵适宜流速范围为 0.78~1.38 m/s，适宜水深范围为 12.77~19.93 m，适宜傅汝德数范围为 0.069~0.109。其结果可为四大家鱼产卵场修复提供技术支撑。

枝城和宜都产卵场可利用栖息地面积都是随着流量先增大后减小，其中枝城产卵场在流量 15 000~25 000 m³/s 时栖息地适宜面积变化幅度最小，栖息地适宜面积处于较高水平。在流量 6 000 m³/s 时，由于流速太小，适宜性面积最小为

1.45 km²，在流量 22 500 m³/s 时，适宜性面积最大值为 6.40 km²。宜都产卵场在流量 15 000～21 300 m³/s 时栖息地适宜面积变化幅度最小，栖息地适宜面积处于较高水平。在流量 25 000 m³/s 时由于傅汝德数处于较低水平，适宜性面积最小，为 0.67 km²，在流量 15 000 m³/s 时出现适宜性面积最大值，为 8.39 km²。城陵矶产卵场由于特殊的河道形态，当主流区域适宜度水平减小时，位于弯道处的更多区域适宜度值升高，导致在所设定的流量范围内，其适宜性面积随着流量增加而增大。

根据超声波遥测定位结果可知，两次生态调度期间四大家鱼主要分布在枝城产卵场的 A1 区和宜都产卵场的 C 区。枝城 A1 区的可利用栖息地面积处于较高水平，宜都 C 区在流量为 10 000～20 000 m³/s 时也具有较高的可利用栖息地面积。根据2015 年和 2017—2019 年四大家鱼产卵量监测结果，随着产卵场栖息地适宜面积增大，四大家鱼产卵活动越频繁，产卵量也越多；当产卵场栖息地适宜面积小的时候，几乎不发生产卵活动或者只产少量鱼卵。当流量处于 15 000～21 300 m³/s 时，宜都和枝城产卵场的适宜面积均处于较高水平，四大家鱼产卵活动和产卵量也最多，因此推荐流量 15 000～21 300 m³/s 为生态调度的目标流量。

Chapter 7

结论与展望

　　四大家鱼是我国的重要经济鱼类，长江是四大家鱼的主要繁殖栖息地。三峡工程建成后，清水下泄和水库调节导致中游宜昌至城陵矶江段的家鱼产卵场地形和水动力条件发生改变，家鱼产卵规模持续萎缩，种质资源面临严重威胁。目前，受限于家鱼产卵场定位范围较广、精度较差等问题，家鱼产卵场特征及产卵触发机理等方面研究尚未深入开展。针对这一客观需求，本研究应用四大家鱼早期资源监测技术以及超声波遥测技术，准确定位家鱼产卵点位和产卵场细致范围，研究家鱼繁殖期的洄游行为和时空分布。在此基础之上，应用多普勒流速剖面仪（ADCP），对家鱼典型产卵场进行细尺度的地形和流场同步观测，通过三维数值模拟、数理统计、数据挖掘等方法，揭示家鱼产卵场的关键地形和水动力特征，为家鱼产卵的水流触发机理研究、家鱼产卵场评价及修复和鱼类资源保护等工作提供理论基础和技术支持。

　　本书主要研究结果如下：

　　1. 产卵场定位

　　（1）2014—2018 年四大家鱼产卵主要分布在长江中上游 13 个江段（产卵规模＞0.1 亿粒），产卵场江段约 376 km，产卵场面积约 417.5 km²。长江上游主要分布在合江县、涪陵区和涪陵珍溪镇 3 个江段，产卵场江段约 180 km，面积约 182 km²。长江中游主要分布在宜昌、枝江上、枝江下、石首、岳阳君山、洪湖白螺、洪湖、团风、鄂州下和黄石 10 个江段，产卵场江段约 196 km，面积约 289.5 km²。

　　（2）应用超声波遥测技术，对放流的 106 尾超声波标志家鱼亲本进行实时定位跟踪，重点研究葛洲坝下、宜都和枝城江段 3 个典型产卵场。研究结果表明：一是标志放流后的亲本具有溯河洄游特性，6—7 月亲本在枝城—宜都—宜昌 3 个区域进行洄游。洄游行为受长江径流量的影响，流量增大的过程有助于触发家鱼逆水而上的洄游行为。8—9 月后，大多数亲本开始降河运动，离开产卵场。二是繁殖期间家鱼在产卵场中不是随机或均匀分布，而是具有一定的选择性。位于枝城产卵场上游的 A1 区间和位于宜都产卵场中部的 C1、C2 区是家鱼的核心产卵区域。超声波遥测定位的产卵场区域是在家鱼早期资源监测推算结果范围内，两者互为验证。

2. 四大家鱼典型产卵场地形特征

家鱼产卵场通常位于地形变化较大的江段，如江面陡然紧缩，或江心有沙洲，或河道弯曲多变，易形成"泡漩水"，是家鱼卵受精播散的最佳水流环境，河段地形可分为顺直型、弯曲型、分汊型等类型。本研究选取顺直型（宜都）、"S"形（枝城）和弯曲型（城陵矶）三种河道形态产卵场作为研究对象，通过多普勒流速剖面仪（ADCP）、华测 T5 GNSS 型 GPS 定位系统，以及海洋测量导航软件等实现本研究地形流场同步监测。

三种类型产卵场中，城陵矶产卵场平均坡度最大为 2.71°，枝城产卵场次之为 2.05°，宜都产卵场最小为 1.91°；城陵矶产卵场平均地形起伏度最大为 4.66E－2 m，枝城产卵场次之为 3.80E－2 m，宜都产卵场最小为 3.44E－2 m；城陵矶产卵场平均高程变异系数最大为 7.18E－4，枝城产卵场次之为 4.43E－4，宜都产卵场最小为 3.25E－4。从总体上看，坡度、地形起伏、高程变异系数等各项地形指标水平较高的分布区间都在弯道处附近。繁殖期家鱼主要分布在枝城产卵场第一个弯道处附近以及宜都产卵场中部位置，这两个位置均是江面变窄，且具有一定的坡度和地形起伏度。

3. 四大家鱼典型产卵场流场特征

流速、水深、傅汝德数是描述产卵场水力特征的重要指标，根据柏海霞初步研究得出流速、傅汝德数与四大家鱼产卵量有很强正相关关系。使用 EFDC 三维水动力模型模拟了枝城、宜都、城陵矶三处产卵场在家鱼繁殖期间主要流量范围内的水文过程，分析了流速、水深、傅汝德数 3 个生态水力指标随流量的变化情况。在设定的 6 000～35 000 m³/s 流量范围内，随着流量增加，3 个指标值均增大，其中水深增大的过程在整个江段较为平均，流速在主流方向上增大的速率大于其他区域，傅汝德数则没有明显规律。

4. 四大家鱼适宜的生态水力指标

本研究将超声波遥测定位结果与产卵场三维水动力模拟结果进行时空耦合，提取生态调度期间家鱼分布位点的生态水力因子，统计 106 个监测数据，得出家鱼产卵较适宜流速为 0.63～1.53 m/s，适宜流速为 0.78～1.38 m/s；较适宜水深为 12.77～23.51 m，适宜水深为 12.77～19.93 m；较适宜傅汝德数为 0.049～0.119，适宜傅汝德数为 0.069～0.109。

5. 四大家鱼繁殖期生态流量需求

通过鱼类适宜栖息地评价方法，对 2016 年二次生态调度期间以及模拟的 7 组流量条件下，分析了顺直型（宜都）、"S" 形（枝城）和弯曲型（城陵矶）3 种河道形态的产卵场栖息地适宜面积：①枝城和宜都产卵场可利用栖息地面积在流量增大过程中先增大后减小，其中枝城产卵场在流量 15 000～25 000 m³/s 时适宜面积变化幅度最小，处于较高水平，在流量 22 500 m³/s 时适宜面积最大为 6.40 km²；宜都产卵场在流量 15 000～21 300 m³/s 时适宜面积变化幅度最小，处于较高水平，在流量 15 000 m³/s 时适宜面积最大为 8.39 km²。②城陵矶产卵场由于特殊的河道形态，当主流区域适宜度水平减小时，位于弯道处的更多区域适宜度值升高，导致在所设定的流量范围内，其适宜面积随着流量增加而增大。

随着产卵场栖息地适宜面积增大，家鱼产卵活动更频繁，产卵规模更大；当产卵场栖息地适宜面积小的时候，家鱼则不发生产卵活动或产卵量较小；当流量处于 15 000～21 300 m³/s 时，宜都和枝城产卵场的适宜面积均处于较高水平。综上，推荐流量 15 000～21 300 m³/s 为三峡生态调度的目标流量。

鱼类行为和环境之间的响应与互馈关系是一个动态、复杂和不确定性的难题，研究鱼类产卵场的水动力特性，厘清鱼类繁殖的关键水动力条件需求，是定量评估受损栖息地的重要前提，也是针对性开展鱼类栖息地修复工作、促进我国渔业资源有效恢复的重要基础。相关研究涉及水产资源学、生态水文学、生态水力学和鱼类繁殖生态学等领域，近年来虽然在各领域有了一些研究成果，但这些成果多数是从本领域角度进行论述，各学科交叉融通程度不足。例如在鱼类繁殖行为学研究方面，目前国内学者主要关注鱼类产卵前对产卵场的选择、筑巢、防卫和求偶等行为，产卵时的交配行为，以及产卵后的护幼行为等，对于产卵的外部水动力条件刺激的研究甚少。随着水利工程的建成投运，流域生态、环境格局势必都将发生变化，因此当前迫切需要开展交叉学科研究，超声波遥测、地形流场监测、数值模拟仿真等技术随着科技发展愈发完善，这些技术集成在探索解析水文过程、产卵场环境和鱼类行为之间复杂驱动响应关系方面具有广阔的应用前景。

参 考 文 献

柏海霞，彭期冬，李翀，等，2014. 长江四大家鱼产卵场地形及自然繁殖水动力条件研究综述 [J].
中国水利水电科学研究院学报，12（3）：249-257.

长江四大家鱼产卵场调查队，1982. 葛洲坝水利枢纽工程截流后长江四大家鱼产卵场调查 [J]. 水产
学报，6（4）：287-304.

郭文献，谷红梅，王鸿翔，等，2011. 长江中游四大家鱼产卵场物理生境模拟研究 [J]. 水力发电学
报，30（5）：68-73.

李翀，廖文根，陈大庆，等，2008. 三峡水库不同运用情景对四大家鱼繁殖水动力学影响 [J]. 科技
导报，26（17）：55-61

李建，夏自强，王元坤，等，2010. 长江中游四大家鱼产卵场河段形态与水流特性研究 [J]. 四川大
学学报（工程科学版），42（4）：63-69.

李翀，彭静，廖文根，2006. 长江中游四大家鱼发江生态水文因子分析及生态水文目标确定 [J]. 中
国水利水电科学研究院学报，4（3）：170-176.

卢金友，张细兵，黄悦，2011. 三峡工程对长江中下游河道演变与岸线利用影响研究 [J]. 水电能源
科学，29（5）：73-76.

彭期冬，2011. 三峡工程对四大家鱼自然繁殖条件影响研究 [D]. 北京：中国水利水电科学研究院.

彭期冬，廖文根，李翀，等，2012. 三峡工程蓄水以来对长江中游四大家鱼自然繁殖影响研究 [J].
四川大学学报，（S2）：228-232.

王悦，杨宇，高勇，等，2012. 葛洲坝下中华鲟产卵场卵苗输移过程的数值模拟 [J]. 水生态学杂
志，33（1）：1-4

王尚玉，廖文根，陈大庆，等，2008. 长江中游四大家鱼产卵场的生态水文特性分析 [J]. 长江流域
资源与环境，17（6）：892-892.

王尚玉，2008. 长江中游四大家鱼产卵场的生态水文特性分析 [D]. 北京：中国水利水电科学研究院.

易雨君，2008. 长江水沙环境变化对鱼类的影响及栖息地数值模拟 [D]. 北京：清华大学.

余志堂，邓中粦，1988. 葛洲坝水利枢纽兴建后长江干流四大家鱼产卵场的现状及工程对家鱼繁殖影响
的评价 [M].//易伯鲁，等. 葛洲坝水流枢纽与长江四大家鱼. 武汉：湖北科学技术出版社，47-68.